팬데믹 대응 건강도시 설계방향

Healthy City Design after Covid-19 Pandemic

팬데믹 대응 건강도시 설계방향

2022년 10월 28일 1판 1쇄

지은이 이제선
펴낸곳 연세대학교 출판문화원
주소 서울특별시 서대문구 연세로 50
등록 1955년 10월 13일(제9-60호)
전화 02) 2123-3378~80
팩스 02) 2123-8673
전자우편 ysup@yonsei.ac.kr
홈페이지 http://press.yonsei.ac.kr
인쇄 (주)네오프린텍

ISBN 978-89-6850-680-2(93530)

값 18,000원

팬데믹 대응 건강도시 설계방향

Healthy City Design after Covid-19 Pandemic

이제선 지음

연세대학교 출판문화원

| 들어가며 |

도시 역사를 살펴보면 도시화가 가속화됨에 따라 발생하는 환경문제로 인해 도시민들의 건강은 끊임없이 위협받고 있었으며, 도시도 이러한 질병의 역습에 대응하기 위해 많은 변화가 발생됨

지금의 현대도시는 2019년부터 발생된 코로나 팬데믹을 겪으면서 근미래의 도시도 다시 한번 건강한 도시가 되기 위해 새로운 변화가 필요하다는 공감대가 형성되고 있음

도시와 공중보건은 그동안 시민들의 건강을 위해 다양한 협력관계를 구축하여 왔으나 금번 코로나 19 감염병 확산으로 인해 공중보건적 측면에서는 세계인들의 건강이 다시 한번 중요한 이슈가 되었고 도시적 측면에서는 대중교통 이용 감소 및 공원녹지 수요증가 등이 나타나 건강하게 도시공간을 계획하고 설계하는 방안을 논의할 필요성이 나타나고 있음

특히 포스트 코로나 시대의 도시민들의 일상생활이 이루어지는 도시공간과 교육이 이루어지는 학교시설에서 이러한 팬데믹에서 벗어나 건강한 활동과 교육이 이루어질 수 있도록 하는 대응방안 마련은 매우 시급한 실정임

이에 팬데믹 대응 건강도시를 만들기 위해 인간의 건강과 도시는 어떤 관계를 맺고 있었는지? 건강도시를 만들기 위한 노력에는 무엇이 있었는지? 국내외 건강도시사례는 무엇이 있었는지? 살펴보고 도시적 측면과 교육적 측면에서 팬데믹시대에 대응할 수 있는 방안도 논의함

○ 1장에서는

– 건강과 현대인의 건강특징 그리고 도시와 건강의 관계를 살펴봄

○ 2장에서는

– 도시문제와 건강도시에 대하여 도시문제 해결노력, 건강도시 정의 및 역사 그리고 건강도시와 관련한 이론을 조사함

○ 3장에서는

– 팬데믹 시대의 도시공간 대응방안과 관련하여 감염병과 도시공간, 도시공간 관련 지침분석 및 적용방안, 팬데믹 대응 도시공간 설계방안을 제시함

○ 4장에서는

– 팬데믹 시대의 학교시설 대응방안과 관련하여 감염병과 학교공간, 학교시설 관련 지침분석 및 적용방안, 팬데믹 대응 학교시설 설계방안을 제시함

○ 5장에서는

– 건강과 도시를 주제로 발표된 다양한 자료 중 건강도시를 둘러싼 도시 및 공중보건 분야의 역사에 대한 글, 커뮤니티 환경과 개인건강과 관련하여 Suji An, Jeasun Lee & Dongwook Sohn(2014)이 발표한 Relationship between the Built Environment in the Community and Individual Health in Incheon 논문, 그리고 코비드 19와 관련된 몇몇 논문 중 ppt로 정리한 내용을 수록하였음

마지막으로 이 책을 발간하는 데 도움을 준 연세대학교 도시공학과 도시설계 및 재생 연구실에 감사를 표합니다.

목차

III 팬데믹 시대의 도시공간 대응방안

IV 팬데믹 시대의 학교시설 대응방안

V 관련 연구

Ⅰ

건강과 도시

1. 건강과 현대인의 건강특성
2. 도시와 건강의 관계

01 건강과 현대인의 건강특징

가. 건강

▶ 건강의 정의 및 중요성

- 국제보건기구(WHO)에 따르면, 건강이란 질병 혹은 단지 허약하지 않은 상태 뿐 아니라 육체적/정신적 /사회적으로 안녕한 상태를 의미
- 도시 측면에서의 건강은 보건적 측면에서뿐만 아니라 사회 전반에서 함께 다루어야 할 문제

▶ 건강결정요인

- 사회적 건강에 영향력을 미치는 요소는 개인적 특성, 문화적, 특성 및 물리 · 환경적 요인 등 다양한 형태로 존재
- 국제보건기구(WHO)의 건강결정요인에 의하면 10가지의 요인들이 사회적으로 작용하여 도시민들의 육체적/정신적/사회적 건강에 영함을 준다고 함

① 수입과사회적신분	⑥ 문화
② 교육	⑦ 유전적특질
③ 물리적환경	⑧ 개인의행동과대처방식
④ 고용과직업조건	⑨ 건강서비스
⑤ 사회적지지망	⑩ 성

<그림 1-1> WHO 건강결정요인

– Dahlgren과 Whitehead(1991)의 건강결정모델에서는 사회와 구성원의 건강에 영향을 미치는 내적/외적 요인들을 5가지 위계로 제시

- 개인의 유전 · 생태학적 요인뿐만 아니라 사회 · 경제적, 환경적, 제도적, 문화적인 외부 요인들도 사회 구성원들의 건강에 영향을 미침
- 요인의 중심(내부 요소)에는 개인의 유전 · 생태학적 요인과 개인 생활양식이 존재
- 테두리 요인(외부 요소)에는 사회 및 지역사회 네트워크, 생활 및 근로조건, 사회경제적 · 문화적 · 환경적 조건들이 순차적 위계로 존재

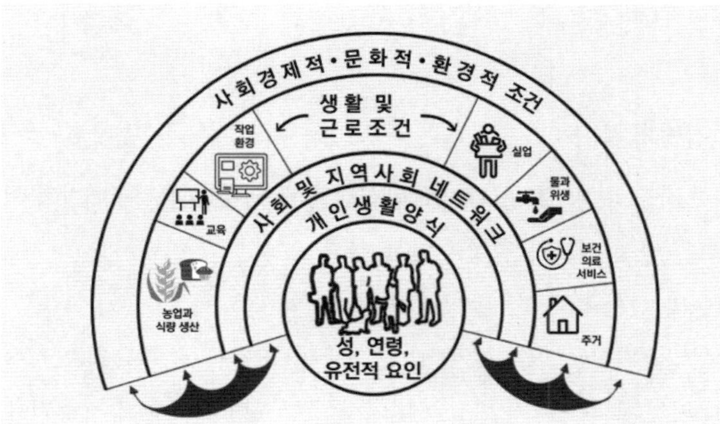

<그림 1-2> Dahlgren과 Whitehead(1991)의 건강결정 모델

나. 현대인의 건강특성

– 산업화 이후 기술의 발전, 생활양식 변화. 기후변화 및 환경문제 등으로 인해 현대 도시는 다양한 건강문제에 직면

– 신체활동 감소에 따른 도시민의 만성질환 및 질병이 증가하는 경향을 보이고 있음

▶ 신체활동 감소

– 기술적 진보로 인한 도시민들의 생활 속 신체 활동량 감소

- 생계, 직장 등 여가와 심리적 여유의 부족으로 인한 신체활동 욕구 감소
- 자동차 이용 및 신체활동 부족으로 인한 걷기 및 자전거 이용 빈도 감소
- 건강생활 실천율 및 건강 인식변화(보건복지부, 2018)
  - 2005년 대비, 1일 총 30분 이상 주 5일 이상 걷기를 실천한 생활 속 걷기 실천율이 약 21.7%p 감소
  - 2014년 대비, 중강도와 고강도로 구성된 유산소 신체활동 실천율이 약 10.8%p 감소
  - 2005년 대비, 개인의 건강상태를 양호하다고 판단하는 주관적인 건강 인지율이 약 16.2%p 감소

▶ 만성질환 및 질병의 증가

- 걷기와 같은 중 강도의 신체활동 감소로 만성질환 및 생활습관병의 예방과 치료 효과 감소에 따라 건강 악화, 만성 질환과 질병 발생률 증가 초래
- 성인 도시민들의 질환 및 질병 발병률 변화
  - 2005년 대비, 체질량지수가 25kg/㎡이상인 비만율이 지속적으로 3.6%p 증가
  - 2005년 대비, 공복혈당이 126mg/dL이상인 당뇨병 유병률이 지속적으로 3.3%p 증가
- 국내의 도시들이 직면한 고령화 인구구조로부터 건강한 도시환경에 대한 각종 요구와 필요성이 대두됨
  - 노인의 약 87.6%가 하나 이상의 신체적 · 정신적 만성질환을 소유

다. 환경변화에 따른 건강특성

▶ 도시화에 따른 건강특성

- 도시화가 가속됨에 따라 발생하는 환경문제는 현대 도시민들의 건강을 위협
- 산업발전에 따른 환경문제가 발생함에 따라 대기오염과 수질오염 등으로 인한 건강문제가 발생
- 도시화로 인한 환경성 질환의 증가(권호장, 2007)

• 미세먼지 10㎍/㎥의 PM10농도 증가 시 만성폐쇄성폐질환 사망률 1.1%p 증가
• 대기오염 농도의 증가로 인한 노년 인구의 심장질환 발병률 약 5~10%p 증가
• 수질오염 및 미비한 하수처리로 인한 사망률 및 수인성 질병의 증가

▶ 기후변화에 따른 건강 특성

– 산업화 이후 산림의 훼손, 기계 및 에너지 사용 등으로 발생하는 온실가스로 인한 기후변화 가속화
– 기후변화로 인한 건강문제 및 전염병의 증가(박혜숙 외, 2016)
  • 폭염 등 이상기후에 의한 피해 확대 및 사망률 증가(1℃상승 시 사망률 16% 증가)
  • 기상 이변로 인한 국지성 집중호우로 산사태와 침수피해 증가
  • 기온상승에서 비롯된 진드기 유충의 개체수 증가로 인한 쯔쯔가무시증 감염빈도 증가

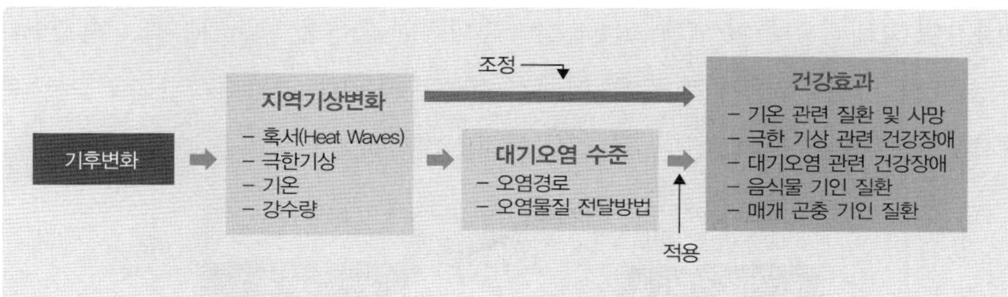

<그림 1-3> 기후 변화에 의한 건강영향

(보건복지부, 2018)

02 도시와 건강의 관계

▶ 도시공간요소와 건강요소와의 관계

- 세계보건기구와 UN-Habitat는 'Global Health' 보고서(2016)에서 '건강하고 형평적인 도시를 달성하기 위해서는 도시가 소유한 물리적환경의 특성에 주목해야 한다'고 주장
- 도시공간의 형태와 더불어 보행, 활동, 장소중심적인 특성은 도시민들의 신체활동 증진과 같은 신체적 건강, 우울증과 같은 정신적 건강, 공동체 의식 및 사회적 자본과 같은 사회적 건강에 영향을 미침(Renalds A. et al., 2010)

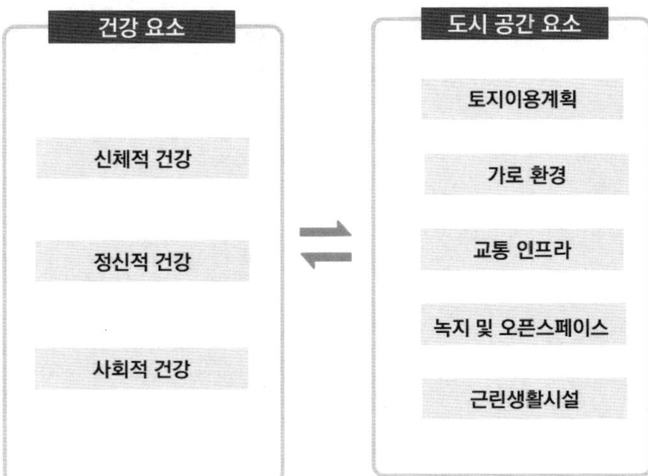

<그림 1-4> 건강요소와 도시공간요소의 관계

자료: 물리적환경과 건강에 대한 국내 연구의 체계적 문헌고찰, 2017

▶ 도시환경과 건강의 관련성

- 토지이용계획, 가로환경, 교통인프라, 녹지 및 오픈스페이스, 근린생활시설 등 도시공간을 구성하는 물리적 환경요소는 이용자들의 신체적, 정신적, 사회적 건강과 상관성을 갖고 영향력을 미침
- 도시의 물리적 환경과 더불어 비물리적인 요소도 사회적 건강에 영향을 줌
- 국토연구원보고서(2014)에 의하면 도시형태, 토지이용계획, 공원 및 녹지, 커뮤니티 디자인, 교통 및 보행환경, 식품환경, 주택, 경관의 주요 부문으로 나뉘는 도시구성 요소들이 도시건강에 양(+)적, 부(−)적 영향을 미침
    - 부문별 세부 구성요소들이 도시건강과 갖는 비례 혹은 반비례적 상관관계 도출
    - 일체적 물리환경 뿐만 아니라 경관, 접근성과 같은 도시 구성요소 또한 건강에 영향을 줌

<표 1-1> 도시 구성요소가 건강에 미치는 영향

부문	구성요소
도시형태	도시 확산(-)
토지이용계획	주거지밀도(-), 토지이용혼합도(+), 블록사이즈(-)
공원 및 녹지	공원 접근성(+), 오픈스페이스(+), 녹지공간(+), 산책로(+)
커뮤니티 환경	피트니스센터(+), 상점(+), 커뮤니티 시설(+), 가로등 시설(+)
교통 및 보행환경	자전거트레일(+), 교차로 안정성(+), 보행자도로 연결성(+), 도로 연결성(+), 교통 안정성(+), 교통량(-)
식품환경	건강한 식품 접근성(+)
주택	주택 건축연도(-)
경관	경관의 질(+)

※ (+): 긍정적 영향, (-) : 부정적 영향 자료

자료 : 웰빙사회를 선도하는 건강도시 조성방안연구 (국토연구원, 2014)

Ⅱ

도시문제와 건강도시

1. 도시문제 해결 노력
2. 건강도시 정의 및 역사
3. 건강도시 관련이론
4. 건강도시 국내외 사례
5. 건강도시 대응방안

01 도시문제 해결 노력

가. 모더니즘(Modernism)

▶ **배경**

- 도시 인구밀도 증가로 주택 공급 부족, 교통체증, 공해, 수질오염 등의 문제 발생
- 표준화, 규격화 등 기능주의에 입각한 모더니즘 도시개발이론이 대두됨

▶ **해결 방안**

- 르 코르뷔지에(Le Corbusier)의 '300만 명을 위한 현대도시(1993)'에서 제시한 해결 방안
  - 교통요건 만족을 위한 중심 지역의 혼잡 완화
  - 업무 접촉 원활을 위한 중심 지역의 인구밀도 증가
  - 기존 가로 개념 변경을 통한 교통의 흐름 개선
  - 녹지 지역 증가
- 모더니즘 이론에 따른 근린지구의 공간 구성 조건은 아래 〈표 2-1〉과 같음

<표 2-1> 모더니즘이론의 근린지구 공간구성 조건

구분	구성 조건
근린의 크기	800m 반경
근린의 밀도	20~25ha
근린의 중심	초등학교

토지이용	용도 분리
교통수단	자동차 중심
가로/블록	슈퍼블록
가로의 기능	보차분리
건물형태	단일건물

나. 셉테드(CPTED_ Crime Prevention through Environmental Design)

▶ 배경

- 경찰력에 기반을 둔 전통적인 범죄 예방 활동만으로는 한계가 존재
- Oscar Newman(1972)의 『방어적 공간』을 통하여 범죄와 안전을 대하는 환경적 접근방식의 필요성 대두

▶ 해결 방안

- **CPTED 5대 원칙**
  - 자연적 접근통제 : 일정한 공간으로 유도하여 범죄목표물에 대한 접근 차단
  - 자연적 감시 : 침입자를 쉽게 발견할 수 있도록 가시권을 최대화하는 물리적 환경 조성
  - 영역성 강화 : 사적 공간과 공적 공간 사이의 영역성을 구분하여 잠재적 범죄자의 행동저지 효과
  - 활용성 증대 : 공적 공간의 활발한 사용 및 상호작용 증진하여 자연스런 감시 강화 및 범죄 위험 감소
  - 유지관리 : 지속적 사용 증진 및 소유감을 향상하여 사용자의 일탈행동 자제 및 구역의 황폐화 방지

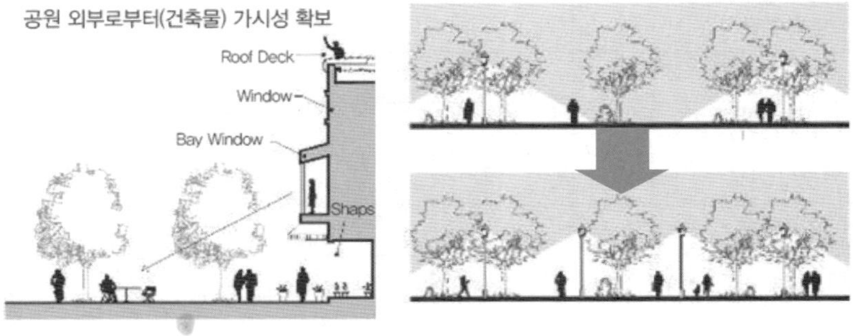

<그림 2-1> 공원 외부로부터 가시성 확보 및 조명계획을 통한 감시기능 제고

다. 공공공간(Public Space)

▶ **배경**

- 저소득자 거주지역의 공중위생 문제 및 아름다운 도시 환경에 대한 욕구 발생
- 급성장하는 도시환경과 관련된 문제를 해결하기 위해 공공공간의 중요성 대두

▶ **해결 방안**

- **William.H.Whyte(1980)의 도시설계 원칙**
  - 16년간의 보행자 행동을 분석하여 시민의 참여와 지역사회의 상호작용을 용이하게 하는 물리적 장소로서의 공공공간 개발
  - 사용하기 쉽고 편안한 공간이며 누구나 사용할 수 있는 공간 제공
  - 녹지 지역 확보 및 독립성을 보장하는 공간 제공

도시들의 작은 공간

녹지 공간의 확보

사회적 참여가 이뤄지는 곳

<그림 2-2> William.H.Whyte의 도시속 공공공간, 뉴욕, 1980

- 공간 구성 조건은 아래 〈표 2-2〉와 같음

<표 2-2> 공공공간 구성 조건

구분	구성 조건
영역성	전체적 질서 속에 공유되는 공공영역
접지성	대지와 인간의 연결감
공동체 의식	단절감/소속감/결핍의 최소화
독립성	공간의 폐쇄성에서 오는 독립성
안정감	프라이버시 등을 제공

라. 뉴어바니즘(New Urbanism)

▶ 배경

- 1980년대 미국에선 도시 교외화, 자동차 중심의 삭막한 도시, 도시 공동체 관계 단절 문제 발생
- 기성 시가지 내 방치된 미개발지와 도시 외곽지의 무질서한 개발 방지를 위한 관리의 필요성 대두

▶ 해결 방안

- **뉴어바니즘의 8가지 원칙**
  - 대중교통 중심으로 지역의 성장한계를 압축적으로 개발함
  - 상업시설, 주거, 직장, 공원, 공공시설 등이 대중교통 정거장으로부터 보행거리 내에 위치하도록 함
  - 지역 내 목적지로 연결되는 친근한 보행체계 구축
  - 도시의 밀도, 주거의 형태 등에 있어 도시의 다양성 추구
  - 자연의 생태계 및 오픈 스페이스를 최대한 보존
  - 공공장소는 지역주민의 활동과 건물의 방향을 고려하여 배치

- 공지개발과 재개발은 기존 커뮤니티 내 대중교통의 축을 따라 배치
- 토지이용체계는 혼합토지이용을 원칙으로 함

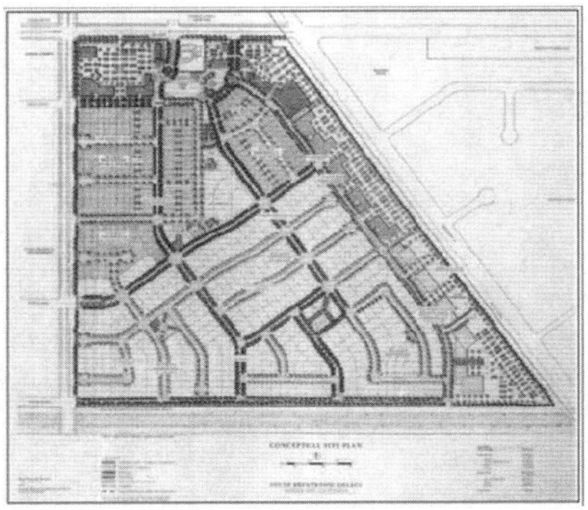

South Brentwood Village, California
(©Gehan Selim)

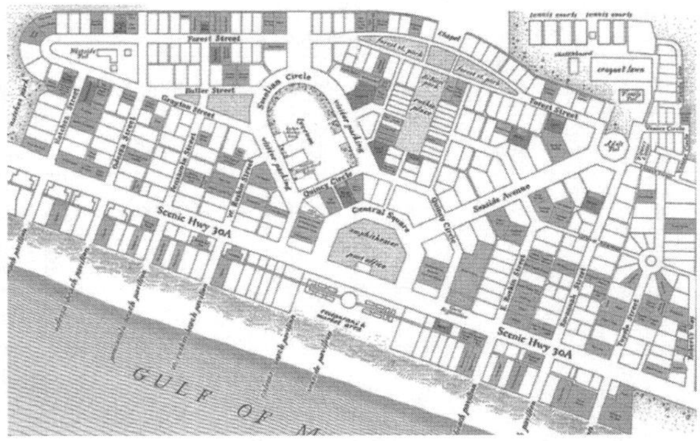

Seaside, Florida(©SEASIDE)

<그림 2-3> 뉴어바니즘 사례 (좌 : South Brentwood, 우 : Seaside)

02 건강도시 정의 및 역사

▶ 건강도시 정의

- 세계인구의 50% 이상이 도시에 집중되면서 산업화, 인구의 과밀화 등 예기치 못한 도시 문제들이 나타남에 따라 도시의 환경, 경제 등 생활 여건의 중요성 대두
- 도시의 물리적, 사회적 환경을 개선하고 지역사회의 모든 구성원이 상호 협력하여 시민의 건강과 삶의 질을 향상시키기 위해 지속적으로 노력해 가는 도시(WHO, 1986)

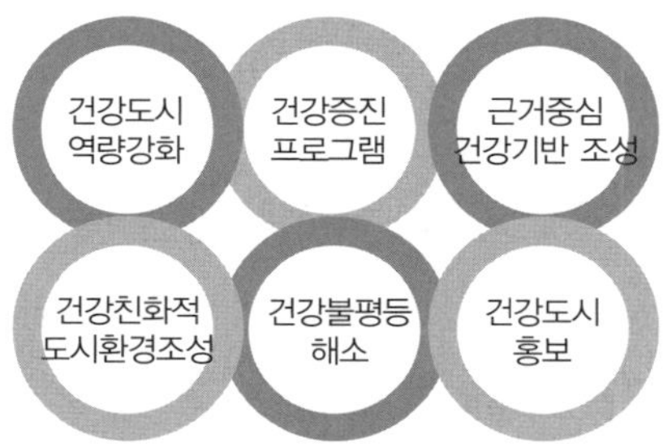

건강도시는 시민의 건강과 안녕을 의사결정과정의 중심에 두는 도시

<그림 2-4> 건강도시의 정의(WHO, 1986)

- 건강도시 조건(WHO)

- 깨끗하고 안전하며 질 높은 도시의 물리적 환경
- 안정되고 장기적으로 지속가능한 생태계
- 계층 간/부문 간 강한 상호지원 체계와 착취하지 않은 지역사회

- 개개인의 삶, 건강 및 복지에 영향을 미치는 문제에 대한 시민의 높은 참여
- 모든 시민을 위한 기본적 욕구(음식, 물, 주거, 소득, 안전, 직장) 등의 충족
- 시민들 간의 다양한 만남, 상호작용 및 의사소통을 가능하게 하는 접근성
- 활기 넘치며 혁신적인 도시 경제
- 역사, 문화 및 생물학적 유산 혹은 지역사회 내 모임들과 연계 도모
- 모든 시민에 대한 적절한 공중보건 및 치료 서비스의 최적화
- 높은 수준의 건강과 낮은 수준의 질병 발생
- 위의 요건들이 서로 양립할 뿐만 아니라 더불어 증진되는 도시 형태

▶ 도시계획과 공중보건의 역사

– 산업혁명 이전(1825년 전)

- 혼잡, 쓰레기, 식수 및 무질서 등이 사회문제로 대두되기 시작
- 전염성이 높은 질병들을 어떻게 치료할 것인가에 대한 대응책 마련에만 급급

– 협력기(1825년~1930년)

- 런던에서 1842년 위생건강보고서, 1848년 공중보건법, 1866년 위생법 발의
- 파리에서 1853년 파리개조사업이 시행됨

– 분리기(1930년~1980년)

- 모더니즘적 도시는 지나치게 도시의 기능, 효율성 및 경제성 강조
- 공중보건은 병원균에만 관심가지고 건강과 관련한 도시환경에 대한 관심을 감소시켰고 결국 더 이상 도시에 관심을 가지지 않게 됨

– 재결합(1980년~현재)

- 현대에는 육체적, 정신적, 사회적 안녕을 추구하는 웰빙 사회 추구
- 공중보건도 비동력 이동수단을 통해 신체활동을 촉진시킬 수 있는 도시의 물리적 환경에 관심

<그림 2-5> 도시계획과 공중보건의 역사

자료: 건강도시를 둘러싼 도시 및 공중보건 분야의 역사, 2015

03 건강도시 관련이론

▶ 건강

- 1948년 세계보건기구(WHO)에서 건강을 "질병에 걸리지 않거나 허약하지 않은 상태뿐만 아니라, 육체적 · 정신적 · 사회적으로 온전히 행복한 상태"로 정의
- 김은정 외(2010)는 건강이 '질병이 없는 상태라는 소극적 개념을 넘어 신체적 · 정신적 · 사회적 웰빙을 뜻하는 적극적 개념으로 최근 인식되고 있으며, 건강문제는 개인특성뿐 아니라 다양한 도시환경 요인과 밀접하게 관련되어 있다'라고 함

▶ 신체활동

- 세계보건기구(WHO)에서는 신체활동을 "골격근의 에너지 소비를 필요로 하는 모든 신체의 움직임"으로 정의
- 보건복지부(2013)는 신체활동을 "골격근의 수축으로 일어나는 신체의 모든 움직임"으로 정의하면서 신체활동의 부족은 비만과 만성질환의 원인으로 건강한 삶을 위해 규칙적인 신체활동의 필요성 강조

▶ 도시공간

- 도시공간은 사전적으로 "도시를 구성하는 다양한 요소가 공간적으로 형성되고 기능하는 사회적 상태와 물리적 구조"라고 정의됨
- 도시공간을 도시라는 구조적 틀 내에서 시설, 건축물들이 이루어내는 공간적 특징과

그 속에서 살아가는 사람들의 생활양식 등을 모두 포함하는 복합적 개념으로 정의함

▶ 도시공간과 신체활동

- 2000년대 이후 비만, 당뇨, 심장질환 등의 만성질환 증가의 원인이 급격한 도시화에 따른 환경 변화로 지적되며 건강도시 구현을 위한 도시계획 역할이 논의되기 시작
- 급격한 도시화로 산업구조 및 생활양식의 변화함에 따라 신체활동 활동 부족으로 도시민의 건강 악화가 문제시되고 있으며 신체활동 부족은 비만과 만성질환의 원인이며 세계적으로 사망의 네 번째 요인으로 지목되고 있음
- 현대 도시환경에서 도시민들의 건강을 저해하는 것은 다양한 측면의 요소가 반영된 결과라고 할 수 있으나, 궁극적으로 도시나 지역의 물리적 특성이 복합적으로 연계되어 있다고 하면서 도시민의 건강문제에 대한 근본적인 대응 및 예방을 위해서는 도시의 물리적 환경개선을 위한 정책 및 계획의 수립 전제가 필요하다고 함(김영현 외, 2013)
- 김영현 외(2017)는 '근린환경이 열악한 공동체 속에서는 개인의 건강을 기대할 수 없으며 포괄적인 수준에서의 지역환경이 개선되어야 개인의 건강을 달성할 수 있다'고 하면서 해외 근린환경 가이드라인과 선행연구로부터 건강한 근린환경 디자인 특성을 아래 〈그림 2-6〉과 같이 정리

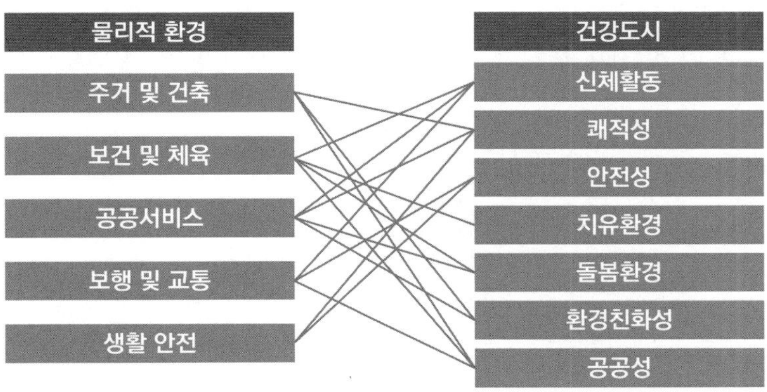

<그림 2-6> 물리적 환경과 건강도시

자료 : 김영현, 정소윤, 김용국 (2017). '건강도시사업에 대한 거주자 인식과 물리적 환경'

– 주요 학술문헌에서 나타난 물리적 근린환경이 건강에 미치는 영향은 다음 〈표 2–3〉과 같음

<표 2-3> 물리적 근린환경이 거주민의 건강에 미치는 영향

연구자	연구결과
Alexia 외 (2004)	• 도시화 및 도시의 확장으로 신체적 활동이 상대적으로 감소 • 비만과 만성질환 증가의 주요 원인으로 도시와 건강 간의 상관성 강조
Scott Doyle (2006)	• 걷기 좋고 안전한 커뮤니티 환경은 신체적 활동을 증가시키고 궁극적으로는 건강상태의 향상을 촉진하는데 중요한 요소임을 증명
Takemi Sugiyama (2007)	• 65세 이상의 노약자 건강과 근린환경의 밀접한 관계 입증 • 가로의 공공공간 확충은 지역 주민의 물리적 활동에 영향 미침
이경환 (2008)	• 신체활동을 산책 · 운동, 통근 · 통학, 생활편의시설 이용 등으로 구분 • 물리적 환경이 거주민의 이러한 신체활동 장려
강기원 (2009)	• 아파트 단지 내에서는 아파트 단지 근린환경, 이웃관계, 아파트 단지 시설환경 등의 요인이 주관적 건강상태에 영향 미침 • 주거환경 및 이웃관계가 건강악화 방지에 영향 미침
김용진 (2011)	• 근린의 물리적 환경이 노인의 신체 활동 장려 • 이를 통해 노인들의 정신 건강을 제고할 수 있음 증명

자료 : 김영현, 정소윤, 김용국 (2017). '건강도시사업에 대한 거주자 인식과 물리적 환경 개선요소에 관한 연구'

– 도시환경이 건강에 미치는 영향에 관한 선행연구로부터 도시공간의 밀도, 보행환경, 녹지, 주거환경 4부문의 총 11개 변수가 신체활동 및 건강에 영향을 미치는 것으로 분석됨

<표 2-4> 도시공간과 신체활동 및 건강과의 관계

도시공간		신체활동 및 건강	연구자
밀도	주거지 밀도↑	신체활동↑	Raine et al.(2008)
	토지이용 혼합도↑		
	토지이용 혼합도↑	비만율 ↓	Frank et al.(2004)
보행환경	도로망 연결도↑	신체활동↑	Brownson et al.(2001)
	자전거도로↑		
	도로포장 수준↑	걷기 및 자전거타기↑	Lake&Townshend(2006)

녹지	공원 및 녹지면적↑	건강수준↑	de Vries et al.(2003)
	공원 접근성↑	신체활동↑	이창관(2015)
	오픈스페이스 면적↑	건강인식수준↑	백수경(2014)
주거환경	단독주택 비율↑	건강수준↑	최태규(2013)
	버스정류장 수↑		
	경관 수준↑	걷기 및 자전거타기↑	Lake&Townshend(2006)

04 건강도시 국내외 사례

가. 국내 사례

▶ 서울특별시 강동구

- 2007년 건강한 어린이터 가꾸기로 서울시 건강도시 최우수 시범 자치구 선정된 것을 시작으로, 2008년 서태평양지역 건강도시연맹(AFHC) 가입하고, 강동구 프로파일 작성 및 건강도시 기본조례를 제정하여 건강도시를 본격적으로 추진
- 건강도시 개념을 시정 전반에 포함하여 정책을 발굴하고 사업을 추진하기 위해 모든 부서가 건강도시사업을 하나씩 수행하는 '1부서 1건강도시사업시행'과 같은 WHO 건강도시사업의 기본원칙인 '모든 정책에서 건강을(Health in All Policies)'이라는 접근법을 취하고, 2017년 건강도시팀은 기존 보건소 지역보건과에서 본청 기획경제국 기획예산과로 옮기는 등 적극적으로 건강도시사업을 추진하고 있음
- 2016년 강동구 건강도시 마스터플랜을 수립하고 건강프로파일에 기반한 도시건강 향상을 위한 도시설계 전략을 토대로, 2018년 건강도시 실현을 위한 강동구 도시설계 가이드라인을 수립

강동구 건강종합정보지(둔촌2동) 도시텃밭 조성 건강한 경로당 만들기

<그림 2-7> 건강도시 국내 사례(서울특별시 강동구)

▶ 경상남도 창원

- 2002년 건강도시 프로젝트를 추진하기 시작하여 2003년 「창원 Health Plan 2010」을 수립하였으며, 2004년 강원도 원주시 등과 함께 국내 최초로 서태평양 건강도시연맹에 가입한 후, 창원 보건소를 중심으로 전국 건강도시네트워크의 중심적인 역할을 담당하며 현재까지 꾸준히 건강도시를 추진하고 있음
- 창원보건소 내 건강도시 전담팀과 시청 내 기획부서의 이원적인 형태의 건강도시 조직구조를 갖추고 운영상의 문제점 및 개선과제를 모니터링하는 중 체계적이고 일관된 정책을 추진
- 자전거 도로 조성, 공공 자전거 대여 시스템 등 자전거 활성화를 위한 다양한 노력으로 시민의 자전거 이용 증가로 건강증진에 기여한 실증적인 사례
- 자전거 활성화를 시설공급이나 일회성의 캠페인이 아니라 건강증진 효과 등 자전거 이용의 다양한 긍정적 효과를 널리 홍보하여 시민의 자발적 참여를 유도하고 있음
- 금연, 절주, 영양 및 스트레스 관리와 함께 도시의 물리적 환경과 여건 개선을 통한 시민건강증진 프로그램 연계, 건강증진 대학 육성 · 발전 추진 등이 대표적인 건강도시 시책으로 적극적인 재원 투입과 프로그램 관리를 통해 건강도시 관련 사업의 성과를 높이고 있음

건강도시 창원 캠페인

자전거 대여 시스템(누비자)

심폐소생술 교육

<그림 2-8> 건강도시 국내 사례(경상남도 창원시)

▶ 강원도 원주

- 2004년 국내 최초로 서태평양 건강도시연맹에 가입한 지자체 중 하나로 2005년 건강도시 전담부서 신설 이후 각종 시민 축제, 건강강좌 운영, 원주천변 및 자전거도로 조성사업

추진 등 종합계획을 수립하고 시민 건강증진 위한 사업을 추진함

- 시민건강과 직결되는 보건소 건강증진 사업뿐 아니라 환경, 교통, 음용수, 체육시설, 첨단의료건강 산업 육성 등의 건강도시 기반 구축 사업 등을 추진하였으며, 담배소비세 전액을 건강도시사업에 투자한 건강도시사업추진은 세계적으로 주목받은 정책으로 2006년 AFHC 총회에서 최우수 정책 사례상을 수상
- 일본 이치가와 시와 교류 협약을 맺고 서로의 정책 공유 및 건강도시 프로그램 참여 등 활발한 활동을 진행하였고 지역 소재의 대학 내 연구소와의 유기적인 관학협력으로 연구에 기반을 둔 정책을 활발하게 추진
- 원주시는 시장의 강력한 의지에 힘입어 건강도시 관련 전담조직 신설, 조례 제정 등의 건강도시에 대한 확고한 제도적 기반을 조성함
  - '원주시민 건강의 날 조례'(2005), '건강도시자문위원회 구성 및 운영 조례'(2005), '건강도시 기본 조례'(2005) 등

원주시민 건강콘서트

원주천변 조성사업

몸 펴기 생활 운동(건강도시 공모사업)

<그림 2-9> 건강도시 국내 사례(강원도 원주시)

▶ 경기도 시흥

- 시흥시는 2008년 서태평양건강도시연맹(AFHC)에 가입하고 2009년 대한민국건강도시 협의회에 가입한 이래 공무원과 지역주민들이 함께 건강도시 조성을 위해 유기적으로 협력하고 노력함
- 지역주민과 공무원 대상 다양한 건강도시 교육 실시, 2016년부터 전 부서 건강정책 발굴 및 추진 등 시정 전반에 건강도시 개념을 도입하고 관련 정책을 추진

- '모든 정책에 건강을'이라는 슬로건을 기초로 '1부서 1과제 건강도시만들기'를 추진하고 연말에 우수한 시책을 선정해 시상하는 제도도 실시하여 모든 부서가 건강도시 이념을 적용한 정책 발굴 및 집행을 장려
- '건강도시 마스터플래너' 제도를 운영하고 환경, 도시계획, 보건, 안전 분야 전문가와 공무원이 정기적인 연구학습모임을 통해 시흥시의 문제점을 진단하고 도출된 결과를 실제 정책 반영을 추진
  - 지속가능한 건강도시 조성을 위해 건강도시 100인 토론 등 시민참여의 다양한 기회를 제공하고 시민 네트워크 구축을 추진

워크온 프로젝트

건강도시 시민교육

마을방역단

<그림 2-10> 건강도시 국내 사례(경기도 시흥시)

나. 해외 사례

▶ 미국 뉴욕

- 미국의 건강도시 정책은 도시 정부가 가이드라인을 제시하고, 민간에서 사업을 주도적으로 추진하며 공공은 이를 지원하는 역할 분담이 이뤄지는 경우가 많음
- 뉴욕의 액티브 디자인 가이드라인(AGDs)은 시민의 비만에 대응하는 디자인 전략으로 신체활동과 건강 증진을 촉진하는 도시와 건축물 디자인 가이드라인을 제시하며 미국의 건강정책과 가이드라인을 지방정부 차원에서 구체화한 대표적인 사례
- 도보 활동, 자전거 이용, 활동적인 여가생활 제공 등 각 항목별 실질적인 디자인 방법을 제시하여 액티브한 도시만들기의 실현을 추구함

- 전문가들이 가이드라인 작성에 참여하여 전문성을 높이고 Fit City, LEED, PlaNYC 등 관련 제도 및 계획 간의 협력으로 실효성 높은 가이드라인 실행을 위해 노력
- 도시설계적 관점에서 비만 등 사회적으로 이슈화된 건강문제 해결을 위해, 도시의 물리적 환경 디자인을 통한 신체활동 증진을 제시한 점에 의의가 있음

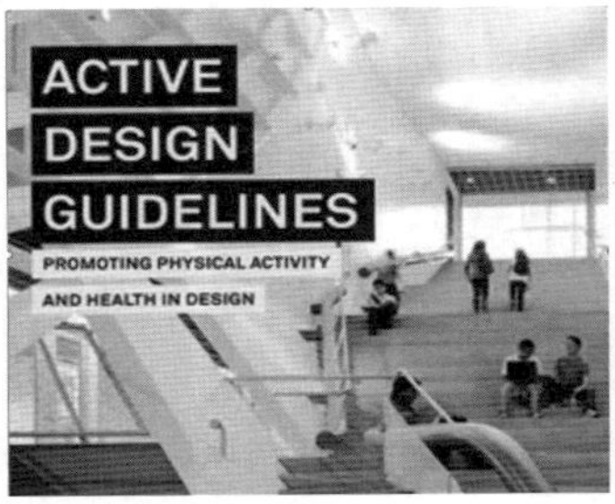

Active Design Guidelines

Plazas for recreational activities

Visual prompts to boost stair use

<그림 2-11> 건강도시 해외 사례(미국 뉴욕)

▶ 영국 벨파스트

- 벨파스트는 유럽 건강도시네트워크가 선정한 초기 건강도시로서 북아일랜드 정부와 다양한 차원의 파트너십을 형성하여 시민의 건강형평성, 건강증진 등을 위한 계획을 수립하고 정책 추진
- 제7기(2019~2024) 벨파스트 건강도시의 목표는 보다 건강하고, 평등하며, 지속가능한 도시를 만드는 것으로 모두를 위한 더 나은 건강과 복지를 위한 혁신, 협력적 조치 및 정책을 촉진하고 전 세계 다른 건강도시와 모범 사례 등을 공유
  - 벨파스트는 유럽 건강도시네트워크에서 제시한 중요 테마를 건강도시 정책에 중점적으로 다루어 5년 단위로 주요 시책을 추진함
  - 건강을 위한 리더십 및 참여형 거버넌스, WHO 전문지식에 대한 직접적인 접근으로의 역량 및 교육 구축, 혁신적인 실증 프로젝트 등을 통한 프로그램을 제공함
- 건강하고, 평등하며, 지속가능한 도시 조성을 위해 벨파스트는 '도시계획과 보건 부문 간 연계 강화를 위한 역량 강화 프로그램', '아동 친화적 장소 조성', '걷기, 자전거, 대중교통 이용 증진을 위한 액티브 교통', '기후변화와 건강'이라는 4가지 주제에 초점을 둔 '건강한 도시환경' 프로그램을 추진

Healthy Literacy Seminar

KidsSpace Culture Night

Reducing Inequalities: Getting Results Flagship Programme

<그림 2-12> 건강도시 해외 사례(영국 벨파스트)

▶ 일본 이치카와

- 이치카와는 모든 사람이 개개인의 능력을 살리고 건강하게 살 수 있는 건강도시를 목표로 하여 보행친화가로 조성사업, 녹지 및 수변공간 개발사업 등 다양한 물리적 환경조성사업 추진
- 이치카와의 도시 마스터플랜은 건강도시 시책을 효과적으로 담는 건강 증진 실천 계획을 일본의 고령화 대책과 연결하여 도시의 콤팩트화를 통해 토지이용을 입체화하고 건강 관련 시설을 도심에 집중시키는 전략의 사례임
- 지역적 특성을 고려하고 지역사회와의 협력 및 주민들의 참여를 도모하는 건강도시 정책 추진
  - 건강도시 연구를 대학과의 연구를 통한 관학협력 형태 추진
  - 국제네트워크 구축을 통한 건강도시 사업의 아이디어 및 정보제공 진행
  - 건강도시 시민상 시상을 통한 시민참여 도모
- 안전하고 쾌적한 거리 건설에 많은 재원을 투자하여 건강도시 우수사례로 남음

이치카와 건강증진 계획

건강도시 추진 강좌

이치카와-원주 교류협약

<그림 2-13> 건강도시 해외 사례(일본 이치카와)

▶ 홍콩 사이쿵

- 사이쿵은 홍콩 최고의 건강도시로 생활터 위주의 건강증진 사업을 추진하였는데, 최근에는 커뮤니티 협력에 중점을 두어 사업을 추진함
- 하향식 건강도시 사업을 주로 하였으나 상향식 효과 또한 인지하고 실행함
- 사이쿵의 건강도시사업은 행정부처와 기업, 학교 등의 지역 내 생활터, 지역단체 및 개인 간 파트너십 구축으로 사업의 효율성을 제고
- 도시생활로 인해 운동부족이 되기 쉬운 주민들을 위해 일상생활에 체육활동을 접목한 주민 건강증진을 목표로 활동적인 생활 실천 프로그램을 전개
    - 지역사회의 다양한 구성원들 간에 지속가능한 파트너십 결성으로 활동성을 높임
    - '하루 만 보 걷기', '한 사람이 한 가지 운동' 등 운동 실천 캠페인을 추진함
- 사이쿵은 SARS 발생 이후 적극적인 대응을 위해 범부처간 협력 기구를 창설하였으며, 도시비상 사태를 성공적으로 극복한 사례로 평가됨

연간 injury survey 리플렛

자전거 및 도로 안전 증진 활동

Crisis Intervention

<그림 2-14> 건강도시 해외 사례(홍콩 사이쿵)

05 건강도시 대응방안

가. 계획기준

- 공공주택사업 업무편람(2017, LH) 내 '공공주택지구 부문별 계획기준'과 '공공주택 건설기준'을 기초로 '건강한 신도시 조성 대응방안'을 도출
- '공공주택사업 업무편람' 내 계획 및 건설기준에서 '건강에 영향을 미치는 물리적 환경'과 관련이 없는 기준(인구주택수용계획, 공급처리시설 계획 및 에너지공급 계획 중 시설설치 계획, 환경계획 중 자원 순환 계획 등)과 타계획 기준과 중복되는 기준은 제외함
- '건강도시 가이드라인'의 '식품환경'은 건강에 영향을 미치는 중요한 계획기준이라 판단하여, 앞서 재분류한 '건강한 신도시 조성 가이드라인 방안' 계획기준에 추가하였으며, '의료환경계획'은 기준 내 요소들을 잘 표현할 수 있는 단어로 변경함
- 최종 도출한 '건강한 신도시 조성 방안'의 계획기준은 1)토지이용계획, 2)교통시설계획, 3)공원녹지계획, 4)공공 및 편익시설계획, 5)의료환경계획, 6)주거 및 건축계획, 7)식품환경계획, 8)환경계획으로 구분

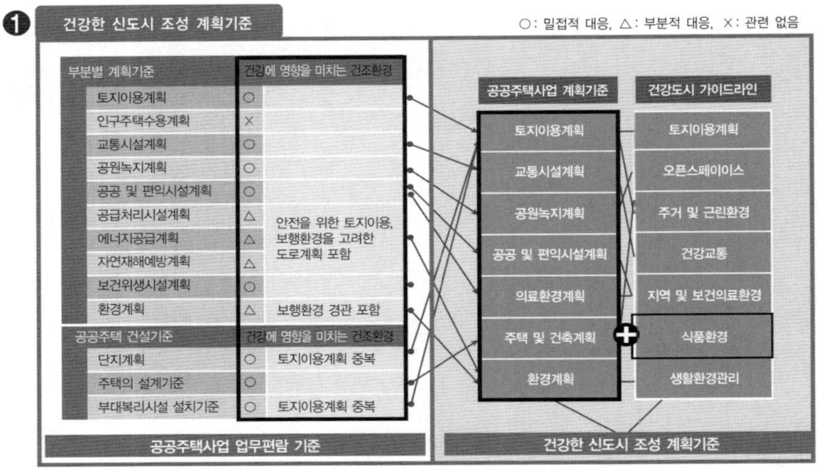

<그림 2-15> 건강한 신도시 조성 방안 계획기준 도출과정

나. 계획요소

– '건강한 신도시 조성 방안' 계획요소 도출과정은 다음과 같음
  - '공공주택사업 업무편람' 내 계획 및 건설기준별 세부요소들을 '건강에 영향을 미치는 물리적 요소'와의 연관성에 따라 1차 도출
  - 계획기준별 세부요소들을 도시계획이슈 중요도에 따라 분류

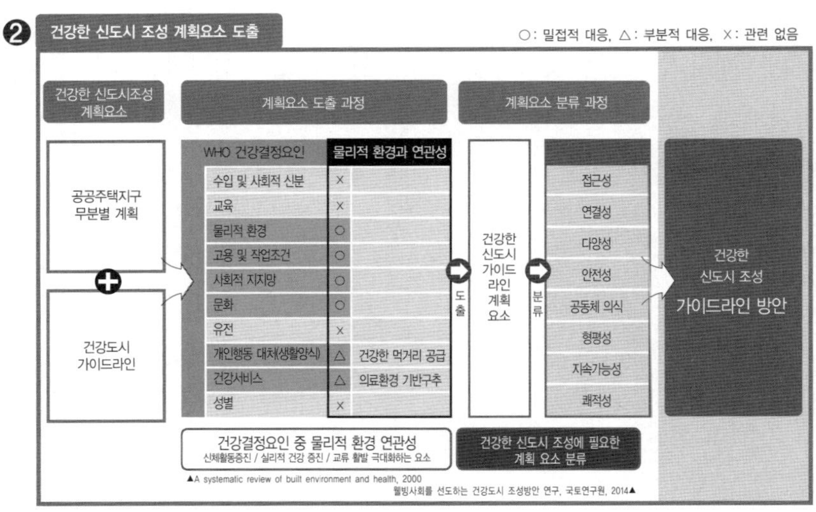

<그림 2-16> 건강한 신도시 조성 계획요소 도출과정

▶ 계획요소 도출 과정

- WHO 건강결정요인(신체활동 증진, 심리적 건강 증진, 사회적 교류를 활발하게 하는 요소들 등) 중 물리적 환경과 연관성을 분석한 뒤 건강한 신도시 특화설계방안 계획요소 도출
- 물리적 환경, 고용 및 직업조건, 사회적 지지망, 문화, 건강한 먹거리와 관련된 개인 생활양식, 의료환경과 관련된 건강서비스 등 관련 요소 도출

▶ 계획요소 분류 과정

- 계획요소 도출 과정을 통해 도출된 계획요소를 건강한 신도시 특화설계방안 계획기준에 맞춰서 분류
- 특화설계방안 계획기준별 계획요소를 '건강도시 물리적 환경과 계획이슈별 중요도(국토연구원, 2014)'를 기준으로 분류하여 나타낸 결과는 다음 〈표 2-5〉와 같음

<표 2-5> 건강한 신도시 특화설계방안 계획이슈

계획이슈 물리적 환경			접근성	연결성	다양성	안정성	공동체 의식	형평성	지속 가능성	쾌적성
1	토지이용계획		○	X	○	X	X	X	○	X
2	교통 시설 계획	자동차 대중교통	○	○	△	○	X	△	○	○
		자전거 보행	○	○	△	○	X	△	X	○
3	공원녹지계획		○	○	○	△	○	△	○	△
4	공공 및 편익시설계획		○	X	○	○	○	△	○	△
5	의료환경계획		○	X	X	X	X	X	X	X
6	식품환경계획		○	X	○	○	X	△	X	X
7	주거 및 건축계획		○	X	○	△	○	○	△	○
8	환경계획		X	X	X	X	X	X	○	○

※ 건강도시 조성 가이드라인(국토연구원, 2013) 참고

○ : 중요 △ : 보통 X : 관계없음

다. 대응방안

1) 토지이용계획

○ 공동이용시설의 유기적 배치 - 접근성

▶ 배경

- 설립 주체별 시설 조성에 따라 공동이용시설의 연계성이 부족하여, 시설 이용에 불편 발생
- 시설의 기능과 편의를 중심으로 배치하여, 도시민의 보행을 유도하고 시설의 활용도를 높일 필요성 대두

▶ 제안

- 공공시설, 부대시설, 커뮤니티시설 등 공동이용시설을 유기적으로 통합 · 복합 · 연계되도록 시설계획 및 배치
- 커뮤니티 서비스의 연계체계 구축, 공공서비스 통합 제공을 위해 주거단지, 오픈스페이스, 보행체계와 연계성 확보

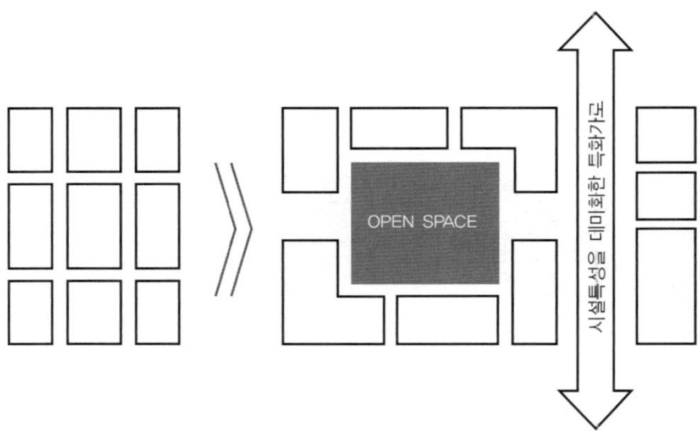

<그림 2-17> 공동이용시설의 유기적 배치

○ 토지이용혼합유도 - 다양성

▶ 배경

- 기술적 진보, 자동차 이용에 따른 도시민의 신체활동 부족으로 만성질환 및 질병 증가
- 토지이용혼합도가 높을수록 도보에 의한 이동을 유도하고 도시민의 신체활동 증진에 긍정적 영향을 미친다는 관련 연구 출현

▶ 제안

- 거주자 생활의 질 향상, 주민교류 활성화를 위해 공공 · 문화 · 체육시설 등 기반시설을 공공주택 인근에 배치하여 토지이용혼합 유도
- 통합 부대 · 복리시설의 배치 및 내부시설의 용도를 결정할 때, 단지의 주택 유형, 인근 유사시설 존재 유무, 이용 편의 등을 고려하여 계획

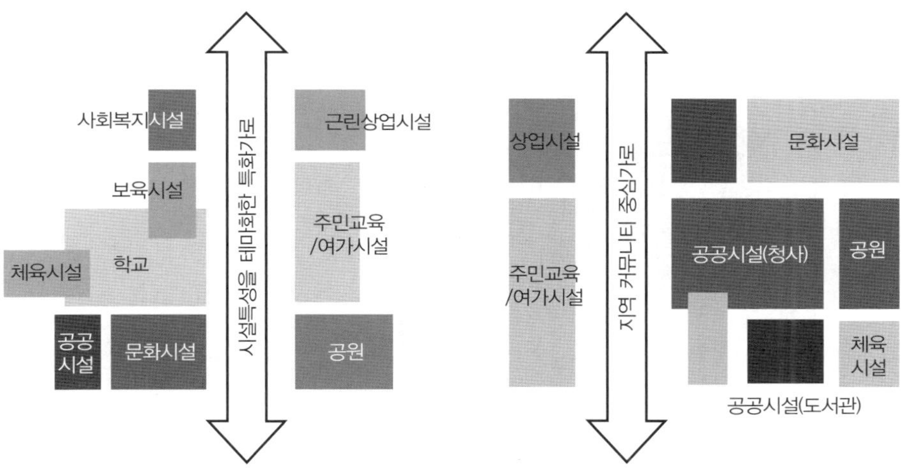

<그림 2-18> 토지이용혼합유도 근린단위(좌) / 지역단위(우)

2) 교통시설계획

○ 보도 및 자전거도로의 적절한 폭원 확보 - 안정성

▶ 배경

- 도보에 의한 이동 외 다양한 1인 교통수단의 증가로 통행수단별 적절한 이용공간 확보 필요
- 안전을 확보한 통행 환경을 조성하여 도보에 의한 이동 유도

▶ 제안

- 보도는 보행자의 안전하고 원활한 통행이 되도록 적절한 폭원, 즉 보행자가 일반적으로 여유를 가지고 엇갈려 지나갈 수 있도록 1.5m 이상의 유효보도폭 확보
- 또한, 자전거도로는 자전거의 원활한 이용과 교통안전을 위하여 하나의 차로를 기준으로 1.5m이상의 유효폭 확보(부득이하다고 인정되는 경우, 1.2m 이상 확보)

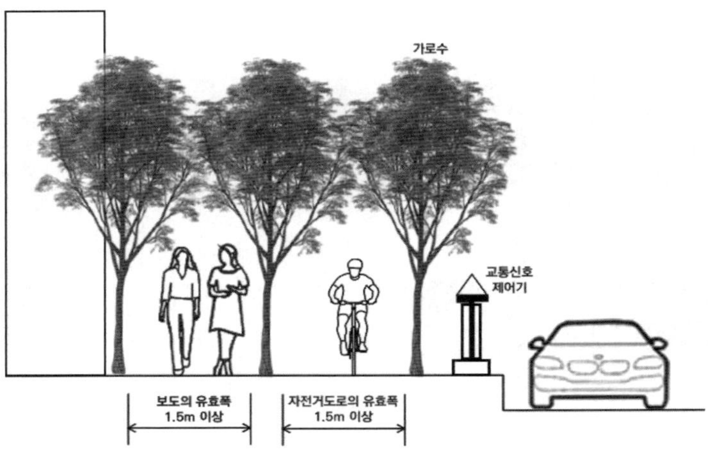

<그림 2-19> 보도 및 자전거도로의 적절한 폭원 확보

○ 다양한 사람과 교통수단을 고려한 통행환경 조성 - 형평성

▶ 배경

- 자동차, 보행, 자전거, 1인 교통수단 등 교통 수단의 다양화를 고려하지 않아 교통수단 이용의 불편함, 사고 위험 증가
- 노약자 및 아이 등 교통약자를 포함한 다양한 계층을 위한 통행환경 조성 필요

▶ 제안

- 차도, 보도, 자전거도로, 분리대, 안전지대 등의 필요한 시설 설치가 가능하도록 폭을 확보하여, 특정 교통수단 및 이용주체에 불리하지 않도록 도로 설치
- 교통약자의 이동편의 증진과 안전을 고려한 보행환경 조성

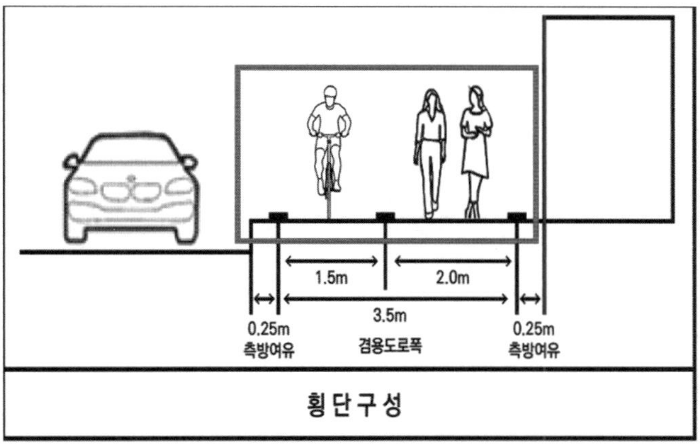

<그림 2-20> 다양한 사람과 교통수단을 고려한 도로계획

○ 쾌적하고 활발한 보행환경 조성 - 쾌적성

▶ 배경

- 익명성을 추구하는 도시민의 특성, 여가와 심리적 여유의 부족, 자동차 이용의 증가, 환경문제 등에 의한 외부활동의 부족으로 도시민의 만성질환 등 다양한 건강문제에 직면
- 보행과 다양한 활동을 유도할 수 있는 편의시설을 설치하여 외부활동 통한 신체적 활동 증진 유도 필요

▶ 제안

- 가로공간 중심으로 개방형 블록을 형성하여 보행 이외에 다양한 활동이 이루어지도록 보행공간과 가로변 건축물 등을 통합하는 가로환경을 조성
- 교차점, 보행 집결지 등 적정 위치에 오픈스페이스, 벤치, 차양시설 등의 보행자편의시설과 녹지 설치

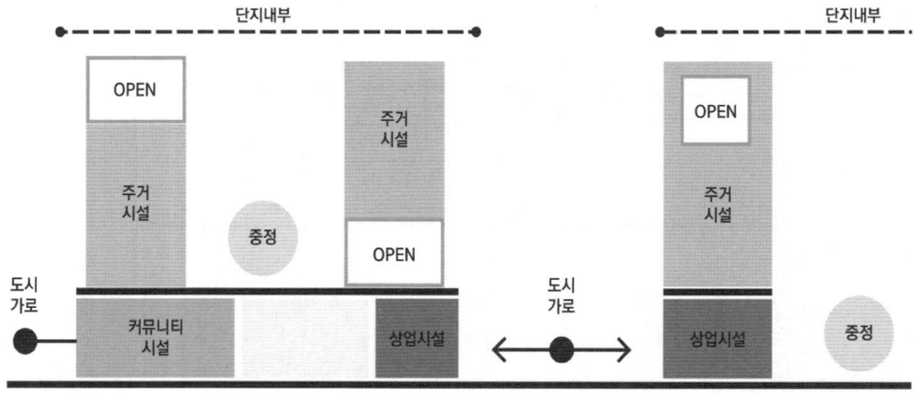

<그림 2-21> 가로 활력과 활동을 증진하는 보행환경 조성

3) 공원녹지계획

○ 보행 및 자전거 접근이 용이한 공원·녹지 계획 - 접근성

▶ 배경

- 모든 도시민의 공원 이용 활성화를 위한 접근성 향상 필요
- 공원 접근을 위한 다양한 이동방법을 고려하여 통행로와 공원 출입구의 연계성 고려 필요

▶ 제안

- 「도시공원 및 녹지 등에 관한 법률」 및 관련법에서 권장하는 충분한 녹지비율 확보
- 주거 및 업무공간으로부터 보행, 자전거, 그 밖의 교통수단과의 연계를 고려한 공원배치와 출입구 등을 계획하여 물리적 · 심리적 접근성 향상

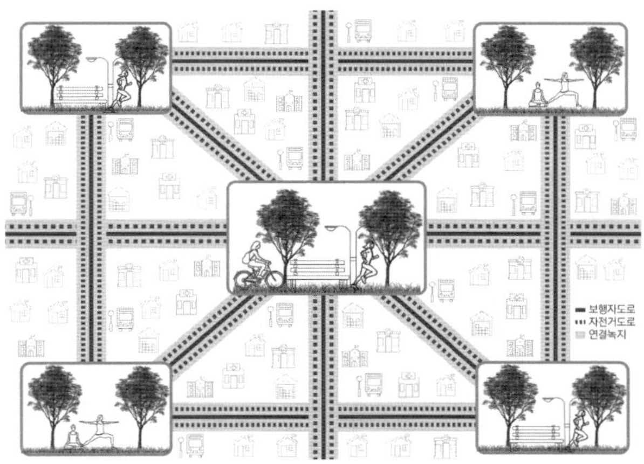

<그림 2-22> 주변 도시공간과 공원녹지와의 연결체계 확보

○ 일조, 바람길 등 고려한 쾌적한 공원·녹지 조성 – 쾌적성

▶ 배경

- 충분한 일조량과 조망권 확보는 쾌적한 오픈스페이스 조성의 필수 요소
- 쾌적한 공원 조성을 통해 공원에서의 외부활동을 증진시키고, 이는 신체적 · 정신적 · 사회적 활동에 긍정적 영향 미침

▶ 제안

- 일조 및 바람길을 고려하여 공원 및 녹지 주변의 고층건물 입지를 제한하여 쾌적한 공간을 조성
- 공원 및 녹지에는 충분한 식재와 다양한 수종을 조화롭게 배식하며 자연 서식지를 재생, 보전, 보호하며 자생식물을 적극적으로 활용하도록 계획

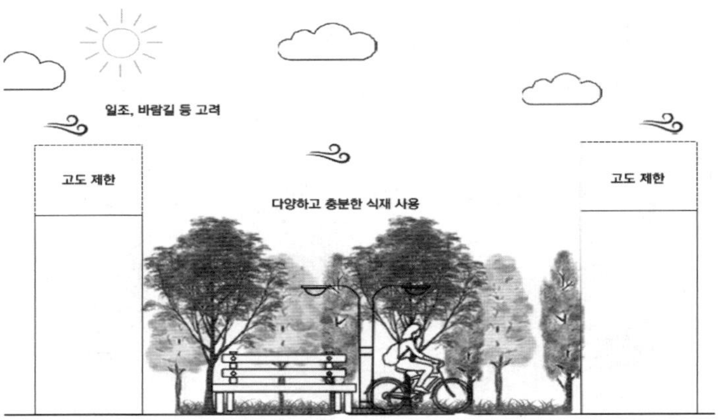

<그림 2-23> 식자재와 인접 건축 형태를 이용한 공원녹지 조성

4) 공공 및 편익시설계획

○ 공공 및 편익시설과 주변 환경과의 연계 – 접근성

▶ 배경

– 이용의 편의와 활성화를 위해, 공공편익시설과 다양한 교통수단과의 충분한 연계 필요
– 시설 이용자의 특성을 고려하여 관련 기능과의 연계를 고려한 배치 계획 필요

▶ 제안

– 이용자가 접근하기 쉽도록 대중교통수단의 이용이 편리한 장소에 배치하며, 보행자 및 자전거 전용도로, 공원 및 녹지축과 연계하여 설치
– 생활권청소년시설의 경우, 일상생활권 내 청소년 이용시설들과 연계를 고려하여 설치

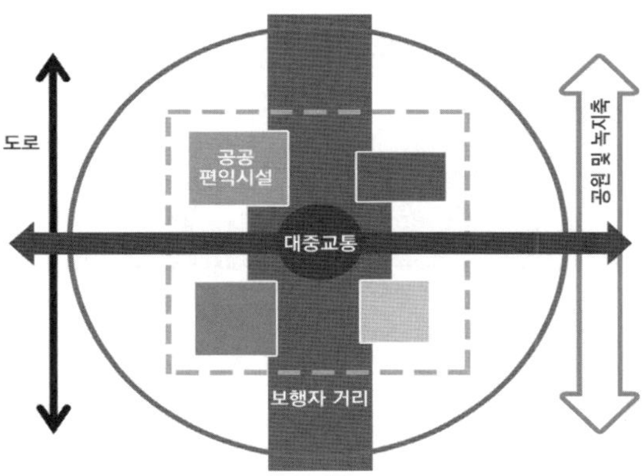

<그림 2-24> 대중교통수단 및 연결축과 연계된 공공 및 편익시설

○ 공공 및 편익시설의 다양한 이용 - 다양성

▶ 배경

- 비상시 임시 주거지, 간이 병원 등의 역할을 할 수 있는 일시적 체류 시설의 필요 요구 증가
- 일상 · 비상시, 모든 이용자의 편의를 사전에 고려 필요
- 비상시 기존 시설을 활용한 대피공간 확보를 통해 공간적 · 경제적 제약사항 해결

▶ 제안

- 자연재해 발생 시 『자연재해대책법』에 따라 대피소 기능을 하는 운동장에는 주민일시체류시설을 설치
- 이용자의 다양한 요구를 반영하고 장애인, 노약자 및 외국인 등 모든 사람이 이용하기에 편리한 구조로 설치

<그림 2-25> 대피소 기능을 하는 주민일시체류시설 설치

5) 의료환경계획

○ 의료서비스 이용에 따른 형평성 고려 - 형평성

▶ 배경

- 보건서비스는 누구나 쉽게 이용 가능해야 하며, 이를 고려하여 생활권별, 이용계층별 의료환경조성 필요
- 고령자, 정보소외계층 등 의료 취약계층의 의료서비스 접근성 고려 필요

▶ 제안

- 1차 의료기관은 생활권별로 골고루 분산 배치
- 공공보건시설은 행정구역 기준으로 설치하기보다 지역 내 이용계층의 특징을 고려하여 배치
- 의료환경이 낙후되거나 소외된 지역에 공공의료시설을 우선 설치하여, 지역순화형 등의 다양한 방법을 통한 서비스 제공

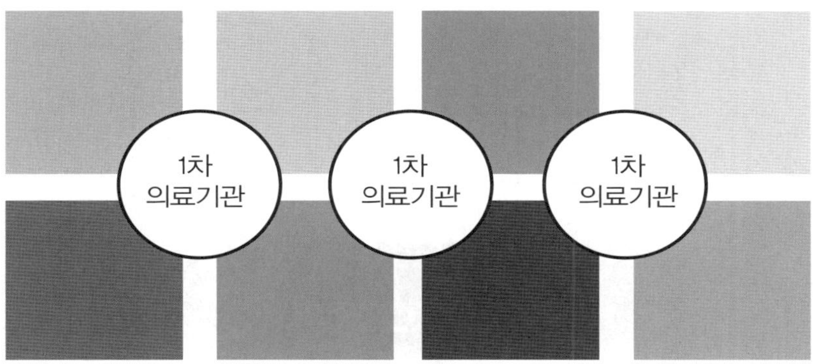

<그림 2-26> 생활권별 1차 의료기관 분산 배치

6) 식품환경계획 - 접근성

○ 친환경 식품에 대한 접근성 향상 - 형평성

▶ 배경

- 건강 · 웰빙 식품에 대한 수요 크게 증가
- 직거래, 온라인구매 등 친환경 식품 공급, 구매체계 다변화
- 안전성, 위생상태 등 식품의 안정성 · 신뢰도에 대한 관심 증대

▶ 제안

- 주거지 인근 비가용 토지 및 유휴 공공용지를 활용하여 지역 내 안전한 식료품을 직접 재배할 수 있는 환경 조성
- 인근 농촌지역 농산물의 직거래 유통을 위한 도농교류를 지원, 도농 직거래 장터 활성화
- 신선하고, 질 좋은 식품을 보행 또는 자전거로 손쉽게 접근할 수 있는 곳에서 구입할 수 있는 환경 조성

<그림 2-27> 친환경 식품에 대한 접근성 향상

7) 주택 및 건축계획

○ 주거 및 교통약자의 이용편의 고려 - 형평성

▶ **배경**

- 장애의 제한 요소를 극복한 환경조성을 통해 주거 및 교통약자의 내 · 외부 활동 증진 유도

▶ **제안**

- 주거약자용 주택의 경우, 슬라이딩 자동문을 설치하여 출입문은 유효폭 90cm, 문 전후면 150cm 이상
- 자동문의 개폐 시간 및 속도를 조정하고 단차를 제거하여 실이용자의 불편을 최대한 줄임

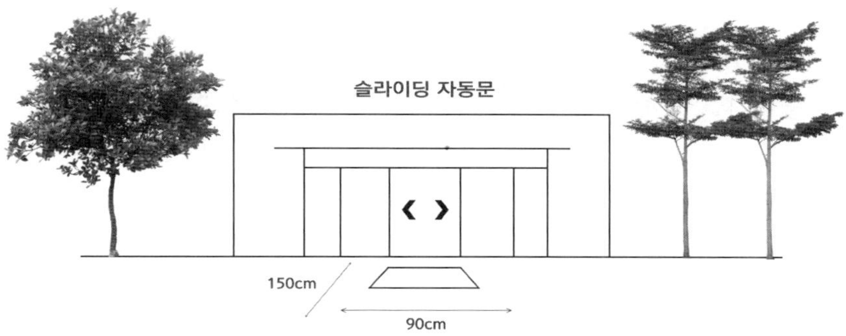

<그림 2-28> 슬라이딩 자동문의 개폐와 설치 기준

8) 환경계획

○ 지속가능한 도시환경을 고려하여 건강한 삶 보장 - 지속가능성

▶ 배경

- 건강에 직간접적으로 영향을 미치는 대기 및 실내공기 오염, 수자원의 오염, 기후변화에 따른 재해 등에 대응하고 안전한 생활환경을 확보하기 위한 지속가능한 도시계획 필요

▶ 제안

- 대기질 향상을 위해 제로에미션 주택공급, 친환경적인 신재생에너지 생산, 저공해 연료 사용 등을 장려한 생활환경 조성
- 하천이나 실개천뿐만 아니라, 계곡수, 우수, 하수처리수 등 다양한 수자원을 활용하여 순환하는 체계 구축
- 실내공기 및 대기질, 수질, 토양질의 안전성 확보를 위한 적정기준 마련과 지속적 모니터링 시행

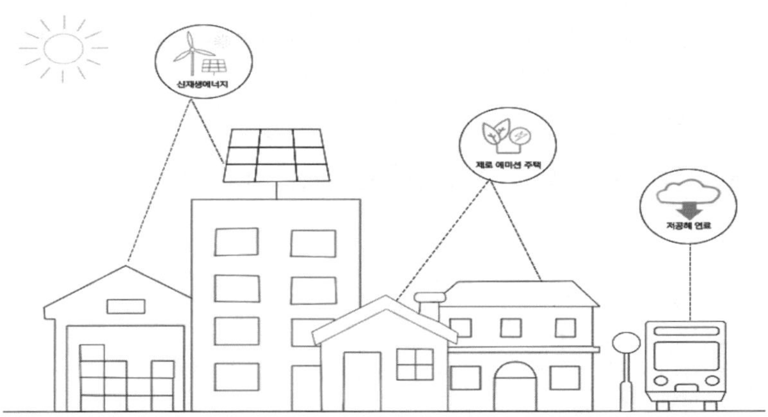

<그림 2-29> 신재생에너지 생산, 저공해 연료 사용 생활환경 조성

III

팬데믹 시대의 도시공간 대응방안

1. 감염병과 도시공간
2. 도시공간 관련 지침분석 및 적용방안
3. 팬데믹 대응 도시공간 설계방안

01 감염병과 도시공간

가. 감염병 특성

- **감염병 정의**
  - 감염병이란 세균, 병원체 · 병원소 바이러스, 진균, 기생충 등 여러 병원체인 미생물이 생물체에 옮아 증식하여 일으키는 병을 통틀어 이르는 말(국립국어원, 2021)
  - 최근에는 기존 감염병의 변이 및 변종 또는 새로운 병원체에 의한 신종 감염병이 발생해 국제적 보건 문제를 야기하고 국내에도 큰 위협을 주고 있음(현정희, 2017)
  - 특히 신종 감염병 중 하나인 코로나바이러스 감염증(COVID-19, 코로나 19)은 2019년 12월 중국 우한에서 발생한 이후 전 세계에 급속 확산하여 수많은 감염자와 사망자를 기록하고 있음
  - 2021년 7월 현재 전 세계적으로 약 1천 9천만 명의 확진자와 400만 명 이상의 사망자가 발생함(WHO 코로나 19 대시보드, 2021)

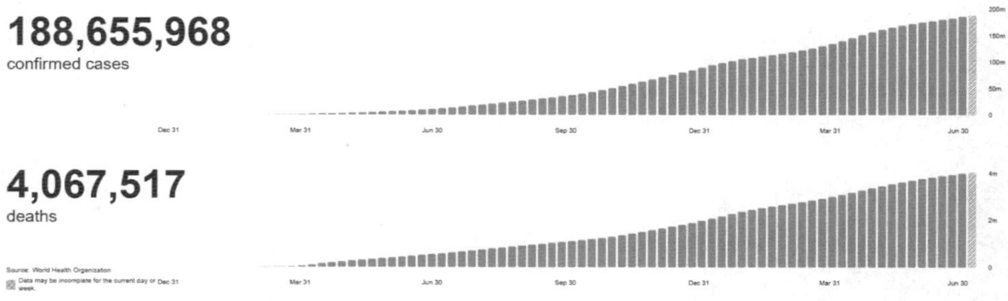

<그림 3-1> 코로나 19 확진자 및 사망자 현황(WHO 코로나 19 대시보드, 2021.7.18 기준)

– **감염병 유형**

- 『감염병의 예방 및 관리에 관한 법률』(약칭: 감염병예방법)에서는 감염병의 발생과 유행 방지, 예방 및 관리를 위해 감염병을 10개의 유형으로 구분하고 있음
- 해당 법정 감염병의 유형을 상세히 정리한 내용은 〈표 3-1〉과 같음
- 코로나 19의 경우, 제1급 감염병으로 분류되어 면밀한 관찰 및 관리가 필요

<표 3-1> 감염병의 유형

구분	내용	종류
제1급 감염병	생물테러감염병 또는 치명률이 높거나 집단 발생의 우려가 커서 발생 또는 유행 즉시 신고하여야 하고, 음압격리와 같은 높은 수준의 격리가 필요한 감염병 (지정 감염병 포함)	에볼라바이러스병, 마버그열, 라싸열, 크리미안콩고출혈열, 아메리카출혈열, 리프트밸리열, 두창, 페스트, 탄저, 보툴리눔독소증, 야토병, 신종감염병증후군, 중증급성호흡기증후군(SARS), 중동호흡기증후군(MERS), 동물인플루엔자 인체감염증, 신종인플루엔자, 디프테리아, 코로나 19
제2급 감염병	전파가능성을 고려하여 발생 또는 유행 시 24시간 이내에 신고하여야 하고, 격리가 필요한 감염병	결핵, 수두, 홍역, 콜레라, 장티푸스, 파라티푸스, 세균성이질, 장출혈성대장균감염증, A형간염, 백일해, 유행성이하선염, 풍진, 폴리오, 수막구균 감염증, b형헤모필루스인플루엔자, 폐렴구균 감염증, 한센병, 성홍열, 반코마이신내성황색포도알균(VRSA) 감염증, 카바페넴내성장내세균속균종(CRE) 감염증
제3급 감염병	발생을 계속 감시할 필요가 있어 발생 또는 유행시 24시간 이내에 신고하여야 하는 감염병	파상풍, B형간염, 일본뇌염, C형간염, 말라리아, 레지오넬라증, 비브리오패혈증, 발진티푸스, 발진열, 쯔쯔가무시증, 렙토스피라증, 브루셀라증, 공수병, 신증후군출혈열, 후천성면역결핍증(AIDS), 크로이츠펠트-야콥병(CJD) 및 변종크로이츠펠트-야콥병(vCJD), 황열, 뎅기열, 큐열(Q熱), 웨스트나일열, 라임병, 진드기매개뇌염, 유비저, 치쿤구니야열, 중증열성혈소판감소증후군(SFTS), 지카바이러스 감염증
제4급 감염병	제1급감염병부터 제3급감염병까지의 감염병 외에 유행 여부를 조사하기 위하여 표본감시 활동이 필요한 감염병	인플루엔자, 매독, 회충증, 편충증, 요충증, 간흡충증, 폐흡충증, 장흡충증, 수족구병, 임질, 클라미디아감염증, 연성하감, 성기단순포진, 첨규콘딜롬, 반코마이신내성장알균(VRE) 감염증, 메티실린내성황색포도알균(MRSA) 감염증, 다제내성녹농균(MRPA) 감염증, 다제내성아시네토박터바우마니균(MRAB) 감염증, 장관감염증, 급성호흡기감염증, 해외유입기생충감염증, 테로바이러스감염증, 사람유두종바이러스 감염증
기생충 감염병	기생충에 감염되어 발생	회충증, 편충증, 요충증, 간흡충증, 폐흡충증, 장흡충증, 해외유입기생충감염증
WHO 감시대상 감염병	WHO가 국제공중보건의 비상사태에 대비하기 위하여 감시대상으로 지정	두창, 폴리오, 신종인플루엔자, 중증급성호흡기증후군, 콜레라, 폐렴형 페스트, 황열, 바이러스성 출혈열, 웨스트나일열

생물테러 감염병	고의 또는 테러 등을 목적으로 이용된 병원체에 의하여 발생	탄저, 보툴리눔독소증, 페스트, 마버그열, 에볼라열, 라싸열, 두창, 야토병
성매개 감염병	성 접촉을 통하여 전파	매독, 임질, 클라미디아, 연성하감, 성기단순포진, 첨규콘딜롬, 사람유두종바이러스 감염증
인수공통 감염병	동물과 사람 간에 서로 전파되는 병원체에 의하여 발생	장출혈성대장균감염증, 일본뇌염, 브루셀라증, 탄저, 공수병, 동물인플루엔자 인체감염증, 중급성호흡기증후군, 변종크로이츠펠트-야콥병, 큐열, 결핵
의료관련 감염병	환자나 임산부 등이 의료행위를 적용받는 과정에서 발생	반코마이신내성황색포도알균(VRSA) 감염증, 코마이신내성장알균(VRE) 감염증, 티실린내성황색포도알균(MRSA) 감염증, 다제내성녹농균(MRPA) 감염증, 제내성아시네토박터바우마니균(MRAB) 감염증, 바페넴내성장내세균속균종(CRE) 감염증

출처 : 감염병의 예방 및 관리에 관한 법률

– 감염병의 전파 유형

- 감염병의 전파 유형은 전파양식 및 중간 매개체 유무에 따라 '직접 전파'와 '간접 전파'로 분류 가능
- 감염병 전파 유형의 자세한 내용은 〈표 3-2〉와 같음

<표 3-2> 감염병의 전파 유형

분류	중분류	세분류	주요 감염병
직접 전파	직접접촉	피부접촉	피부탄저, 단순포진
		점막접촉	임질, 매독
		수직감염	선청성매독, 선청성HIV감염
		교상	공수병
	간접접촉	비말	인플루엔자, 홍역, **코로나 19**
간접 전파	무생물 매개전파	식품매개	콜레라, 장티푸스, A형간염
		수인성	콜레라, 장티푸스, A형간염
		공기매개	수두, 결핵, 홍역, **코로나 19**
		개달물	세균성이질, **코로나 19**
	생물 매개전파	기계적 전파	세균성이질, 살모넬라증
		생물학적 전파	말라리아, 황열

- 코로나 19의 전파 유형은 〈그림 3-2〉와 같음

• 코로나 19의 경우 직접 전파 유형에 속한 비말감염과 간접 전파 유형 중 개달물을 통한 사물접촉 감염에 속하며, 공기매개를 통한 에어로졸 감염도 의심되나 연구적으로 확인되지 않음

<그림 3-2> 코로나 19 전파 유형

– 감염병의 전파 유형별 대응 전략

• 감염병은 전파 경로에 따라 유행 양상이 달라 전파 유형별 적절한 대응 전략이 필요

• 학교에서 주로 유행하는 감염병 전파 유형은 〈표 3-3〉과 같이 호흡기, 수인성 및 식품매개, 접촉성, 생물매개 전파로 구분 가능

<표 3-3> 감염병 전파 유형별 대응전략

전파 경로	유행 특성	주요 대응 전략
호흡기 전파	· 전염성이 강해 대규모 유행 위험 높음 · 잠복기 말기 ~ 증상 발현 기간 초기에 주로 전파	· 밀접 접촉자에 대한 적극적 관리 필요
수인성 및 식품매개 전파	· 증상 발생 후에 전염성이 있음 · 증상소실 후에도 병원체 배출함 · 오염된 물 등의 공통 폭로로 인한 집단 발생 가능성	· 환자의 철저한 격리 필요 · 공통 폭로의 원인 파악 및 관리가 필요
접촉성 전파	· 피부, 점막 등 환자와의 직접 접촉을 통해 전파 · 환자가 사용한 개달물을 통해 전파	· 환자 격리 및 환자가 사용한 물품 관리를 통해 유행 차단 가능
생물매개 전파	· 사람 간 전파 없음 · 계절적으로 발생 양상이 다름	· 매개 동물 · 곤충의 관리, 오염된 동물 배설물의 위생적 처리가 중요

• Fitwell(2020)에서는 〈그림 3-3〉과 같이 코로나 19의 전파 유형에 따른 6가지 대응 전략으로 ① 신체 접촉 제한을 위한 거리두기, ② 사물 접촉 전파를 막기 위한 청소 · 방역, ③ 손 씻기를 통한 개인위생 향상, ④ 통풍 · 환기를 통한 공기 중 바이러스 제거,

⑤ 여과 · 필터 통한 바이러스 여과, ⑥ 40~60% 수준의 실내 습도 유지를 제시함

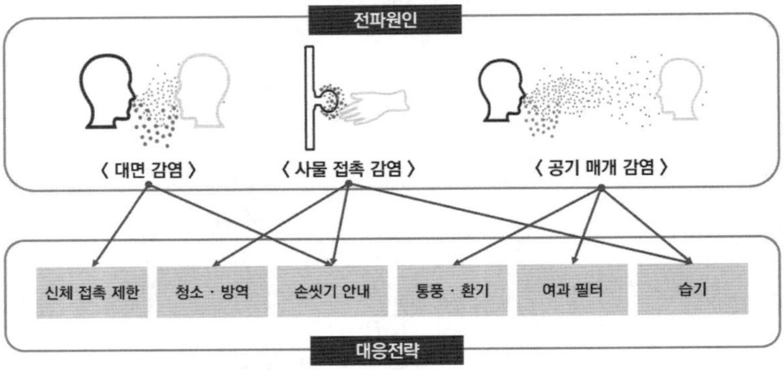

<그림 3-3> 코로나 19 감염 전파 유형에 따른 6가지 대응 전략

나. 감염병과 도시공간

1) 감염병과 도시

- 인류 역사 초기에는 대규모 감염병이 거의 없었는데, 그 이유로 모두가 사냥꾼이고 열매를 따 먹던 선사시대에 사람들은 드문드문 떨어져 살았으며 몇몇 가족으로 이루어진 작은 집단의 경우, 한 사람이 홍역에 걸리면 모두 홍역에 걸렸을 가능성이 큼
- 전염성 질병에 감염된 사람이 다른 마을까지 건너가서 건강한 사람들을 감염시켰을 개연성은 거의 없기 때문이며 따라서 전염병이 급속히 수그러들었음
- 실제로 그런 점염병들이 처음에는 무척 드물었지만, 인구가 늘어나 전염 가능성이 높아지면서 전염병도 많아지기 시작했다는 분명한 증거가 있는데, 고 병리학자들은 홍역의 증거를 기원전 4000년까지 거슬러 올라가 티그리스강과 유프라테스강 유역에서 찾아냄
- 농업이 시작되면서 그 지역에 작은 도시들이 세워졌기 때문이며 미라를 검사한 병리학자들의 발표에 따르면, 가축을 사람 곁에 두고 기르기 시작한 기원전 1000년경부터 이집트에서 결핵이 발견
- 결핵균을 지닌 소를 숙주로 결핵이 인간에게도 전파된 것이란 추정이며, 그 후 대규모 정착

사회가 건설되면서 전염병이 사람에서 사람으로 전염될 수 있는 최적 조건이 갖추어짐

- 실제로 대규모 집단일수록 누군가가 감염원으로 발전될 가능성이 크고, 그가 다른 사람들을 접촉해 새로운 감염원으로 만들어낼 가능성도 커지는데, 전염병이 효력을 발휘하려면 마을 규모 정도의 사회가 있어야 함
- 이러한 정황 등이 사람들이 밀집한 도시공간에서 발병하면 확산될 가능성이 고밀도지역에서 높게 나타나는 것을 설명할 수 있을 것임

2) 코로나 19 이후 도시민의 생활 변화

- 코로나 19로 인해 전반적인 도시민의 삶, 도시사회 분야 또한 재편되고 있음
- 특히 코로나 19 상황에 대응하기 위한 즉각적인 변화는 물론, 향후에도 전염병 발생이 얼마든지 가능하다는 점을 염두에 둔 장기적인 변화들이 도시공간 전반에 걸쳐 나타남
- 코로나 19 이후에 발생하거나 관찰되는 도시민 삶, 도시 사회적 변화는 크게 다음 〈표 3-4〉로 정리 할 수 있음

<표 3-4> 코로나 19 이후 도시민 생활 변화

도시민 생활 변화	내용
직 · 간접적 도시민 일상생활 변화	· 유동인구 감소, 대중교통 이용 감소 등 도시에서 가능한 활동, 서비스에 제약 발생 · 배달산업 증가, 재택근무 증가 등 새롭게 성장하는 분야 등장
의료보건시설확충	· 의료서비스 제공, 전염병 확산 방지조치 시행 등 효과적 대응방안을 신속히 실행 가능한 의료보건시설의 중요성에 대한 공감대 형성 · 전염병 대응 전문 병원, 공공의료시설, 지역사회 내 보건소 등 전염병 관련 대응이 가능한 의료보건시설 확충 필요성 증대
상권 변화	· 사회적 거리두기 등 상호 접촉을 최소화하는 생활습관이 강조되면서 노래방, 영화관 등 다중집합, 대면서비스 업종이 타격을 받고, 도심지역 상권 침체 · 주거지역 인근에서 일상생활에 필요한 서비스를 제공할 수 있는 근린생활상권은 오히려 안정세를 보이거나 성장할 가능성 높음
교통 이용양상 변화	· 다중이용 교통시설 내 감염에 대한 불안 · 우려 등으로 대중교통 이용량 감소. · 자가용 · PM 등 1인이 이용하는 교통수단 선호도 증가 · 택배배달 수요 증가에 따른 화물 운송 증가 예상

주거 변화	· 자택 내 거주시간이 증가하고, 가구 구성원과 함께 보내는 시간이 늘어남 · 기존보다 넓은 면적의 주거공간, 가변적 공간활용, 발코니 공간 확대 등 주거환경, 주거양식에도 변화 일어남
산업 · 고용변화	· 단기적인 제조업 침체, 재택근무 확산 등 산업 · 고용 부문에서 변화 발생 · 기존의 공장 · 업무시설 수요에도 변화가 발생할 가능성 높음
교육	· 개학 연기가 장기간 이어지고, 직접 등교보다 온라인 수업 등을 통한 교육 제공에 초점 · 향후 학교시설, 오프라인 학원 수요에도 변화가 발생할 것으로 예상

자료 : 이왕건, 코로나 19 시대 도시 사회·공간 변화와 정책과제, 국토정책 Brief 2020.5, 국토연구원

3) 코로나 19 이후 도시공간 · 정책 변화

- 코로나 19가 빠르게 확산하면서 이에 대응하기 위해 고강도의 사회적 거리두기 등 여러 방법이 적용되고 있음
- 이러한 대응방안들과 기존 도시정책 간의 조율의 필요성 제기
- 코로나 19에 대응하기 위한 생활인프라 및 디지털인프라 중심의 도시계획 방향 수립이 필요하다는 전문가 의견이 제기되고 있음
- 이러한 측면에서, 코로나 19 이후 도시공간 · 정책 변화는 크게 다음과 같이 정리할 수 있음

<표 3-5> 코로나 19 이후 도시공간 · 정책 변화

도시계획 이슈	도시공간 · 정책 변화
밀도, 토지이용	· 코로나 19에 따른 변화를 반영한 새로운 토지이용 수요에 대응할 필요성 제기 · 도시 내 적정 밀도 유지를 위한 새로운 기준 · 특화설계를 적용할 필요성 대두 · 단, 대도시의 규모 경제, 집적 경제를 포기한 분산정책보다 정확한 정보공개, 개별 주체 간 협력 및 대응방식 통한 보완책 추구
대중교통, 공공서비스	· 감염병 상황에서 효과적인 대응조치로 서비스를 이용하는 시민들의 불안감을 해소하는 대중교통, 공공서비스 방역 · 운영 서비스 제공에 초점 · 쾌적하고 안전한 이동이 보장되는 대중교통 방역 · 운영 서비스 확충 방안의 필요성 증대 · 감염병 확산 위험 최소화, 평상시 · 비상시로 이원화된 공공시설물 및 공공서비스 관리운영기준 마련
기초생활 인프라	· 기초생활 인프라 확충 · 운영을 통한 감염병 대응력 강화에 주력 · 확충한 기초생활 인프라를 통해 감염병 상황에 필요한 일상생활 · 개인방역 물품 공급, 감염병 대응에 필요한 공공의료서비스 제공 · 지역사회 내 기초생활 인프라를 갖춰 재난 발생 시 시민들의 불안감 감소, 물품 사재기 등 2차 피해 최소화 가능

디지털 인프라	· 공공보건정책, 도시민 일상생활 지원 등의 분야에 디지털인프라 역할 확대 · 배달, 온라인 교육, 재택근무, 원격진료 등 디지털인프라를 적용하여 도시기능 일부 대체 가능 · 감염병 발생 예측, 정보 제공, 확산 최소화 등 디지털인프라를 활용한 방역대책 적용

자료: 김동근, 국토이슈리포트 2020.5. (국토연구원, 2020)

다. 감염병과 도시공간 관련문헌

– 코로나 바이러스 확산에 따른 도시 영향과 관련된 내용을 다루고 있는 실증적 연구 중 SCIE, SSCI, AHCI급 국외저명학술지에 게재된 논문 19편에 대한 내용을 김성준 및 허재석(2020)은 다음과 같이 '사회적 거리두기의 효과', '도시 취약계층', '도시공간', '건축물'의 총 4개 주제로 구분

<표 3-6> SCIE, SSCI, A&HCI급 국외저명학술지에 게재된 실증적 연구 목록

· 주제	· 선행연구 리스트
· 사회적 거리두기의 효과	· Aloi et al.(2020); Courtemanche et al.(2020); He et al.(2020); Mehta(2020); Zhang et al. (2020)
· 도시 취약계층	· Corburn et al.(2020); Cordes & Castro(2020); Douglas et al.(2020); Paul et al.(2020); Tsai & Wilson(2020); Wasdani & Prasad(2020)
· 도시공간	· Hamidi et al.(2020a); Hamidi et al.(2020b); Liu(2020); Megahed & Ghoneim(2020); Pinheiro &Luis(2020);
· 건축물	· Amerio et al.(2020); Fezi(2020); Morawska et al.(2020); Pinheiro & Luis(2020)

출처 : 김성준 및 허재석(2020). 포스트코로나-노멀시대의 건축·도시공간의 변화 예측과 우리나라 가로 및 보행환경 정책에의 시사점. 건축공간연구원

– 첫째, 사회적 거리두기의 효과와 관련하여 다수의 연구에서 직접적인 영향을 분석

- Courtemanche et al.(2020)과 Mehta(2020)는 사회적 거리두기가 정부의 정책으로 도입되면서, 도시 내 바이러스 감염자수 증가의 둔화가 나타났음을 확인
- Zhang et al.(2020)도 바이러스의 확산 초기에 사회적 거리두기가 유용한 도시정책으로

활용될 수 있음을 제시

- Aloi et al.(2020)은 코로나 바이러스의 확산 이후 사회적 거리두기 확산에 따라 대중교통 이용자가 최대 93% 줄어든 반면, 이산화질소 배출량과 교통사고 발생 건수는 각각 최대 60%와 67% 감소하였음을 규명
- He et al.(2020)은 사회적 거리두기 실시한 도시에서 그렇지 않은 도시에 비해 '대기 오염도'를 나타내는 지표가 낮게 형성되는 결과를 확인하였고, 소득수준과 산업화 정도가 높은 도시에서 더욱 큰 효과가 나타난다는 실증적 결과를 제시

– **둘째, 많은 학자들은 코로나 바이러스 확산으로 인해 도시 내 취약계층이 받을 충격에 대한 우려를 제안**

- Wasdani & Prasad(2020)는 빈곤층 밀집 지역에서 사회적 거리두기를 구현하기가 현실적으로 매우 어렵다는 점을 강조
- Corburn et al.(2020)은 무허가 주택 밀집 지역에서는 전염병의 확산에 쉽게 노출되어 있음을 확인
- Tasi & Wilson(2020)와 Douglas et al.(2020)은 소득수준이 낮은 집단일수록 사회적 거리두기의 효과를 기대하기에는 한계가 있다는 점을 지적
- Corburn et al.(2020)은 저개발 국가의 도시에서 확산세가 두드러짐을 주장
- Paul et al.(2020)과 Cordes & Castro(2020)은 선진국 도시의 경우 인종적 소수자, 저소득층, 흡연자, 비만인구의 비중이 높은 곳에서 감염이 보다 심각하게 확산됨을 확인

– **셋째, 도시공간 관련**

- Hamidi et al.(2020a)과 Hamidi et al.(2020b)의 연구는 코로나 바이러스의 확산에 보다 직접적인 영향을 미치는 도시의 특성은 밀도가 아니라 연결성(connectivity)임을 주장. 밀도가 낮더라도 도시 내 소통이 원활하고 다양한 교통수단에 의해 다양한 인구집단이 접촉하는 도시에서 사망률이 높게 나타난 반면, 오히려 밀도가 높은 지역에는 높은 수준의 의료서비스 접근성으로 인해 사망률이 다소 낮게 나타난 점을 그 근거로 제시
- Pinheiro & Luis(2020)와 Liu(2020)는 기존과는 다른 도시계획 방식의 필요성에 대해

주장하였고, Megahed & Ghoneim(2020)은 과거 팬데믹이 도시공간에 미쳤던 영향에 대한 조사를 통해 현재의 코로나 이후의 도시공간에 대한 해법을 모색할 것을 주문

- **마지막으로, 건축물과 관련된 연구**
  - Pinheiro & Luis(2020)와 Morawska et al.(2020)는 실내 공기질 관리, 환기성능 확보, 항균 성능이 뛰어난 인테리어 자재 사용 확대의 필요성을 주장
  - Amerio et al.(2020)는 건축물의 외부공간 측면에서 녹지를 비롯한 옥외공간이 풍부한 주거공간 설계의 중요성을 제안
  - 이밖에 Fezi(2020)는 인간의 사회적 교류, 다양한 목적의 이동 등 시민의 일상적 생활이 팬데믹으로 인해 받게 되는 변화에 대한 고찰을 바탕으로 기존과는 다른 새로운 도시공간 조성 방식 도입의 필요성을 확인

02 도시공간 관련 지침분석 및 적용방안

가. 분석의 틀

▶ 도출과정 개요

– 1단계 : 관련 지침 검토과정을 통해 대응분야 도출

- 관련 지침 내 계획부문 · 중점사항을 토대로 대응분야 도출
- 미래 변화상 및 도시공간구조 변화에 기반하여 도출된 대응분야의 감염병 대응 연관성을 비교 · 검토

– 2단계 : 관련 연구에 기반한 대응분야별 요소 도출

- 1단계에서 도출한 대응분야를 기준으로 미래 변화상 및 도시공간구조 변화에서 파악된 내용을 분류 · 반영해 분야별 대응요소 도출
- 각 대응요소별로 포스트코로나 주요 계획 쟁점 반영 여부를 비교 · 검토하는 과정 수행

– 3단계 : 감염병 상황별로 적합한 요소별 적용방안 제안

- 각 대응요소별로 도입 가능한 설계기법, 운영방안, 기술 등 적용방안 제안
- 적용방안들을 감염병 전(예방)/후(대응) 단계로 나뉘어 체계적인 특화설계 적용방안 분류

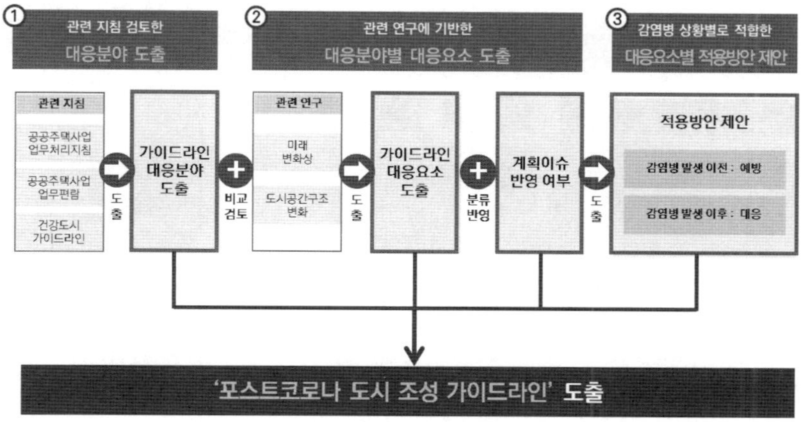

<그림 3-4> 포스트코로나 도시조성 특화설계 수립 3단계

▶ 대응분야 도출

– 대응분야 도출

- 공공주택사업 대응분야 계획부문을 도출하고, 건강도시 가이드라인과 상호 비교해 연관 부문을 통합하는 과정을 거쳐 포스트코로나 도시조성 특화설계 대응분야 도출
- '물리적 건조 환경과의 연관성 검토'를 중점적으로 고려하면서 대응분야 도출과정 수행
- 최종 도출한 '포스트코로나 도시조성 특화설계'의 대응분야는 1) 토지이용계획, 2) 교통시설계획, 3) 공원녹지계획, 4) 공공편익시설계획, 5) 의료환경계획, 6) 식품환경계획, 7) 주택 및 건축계획, 8) 환경계획, 9) 교육 및 육아환경계획(특화계획)을 포함한 총 9개 대응분야로 구성

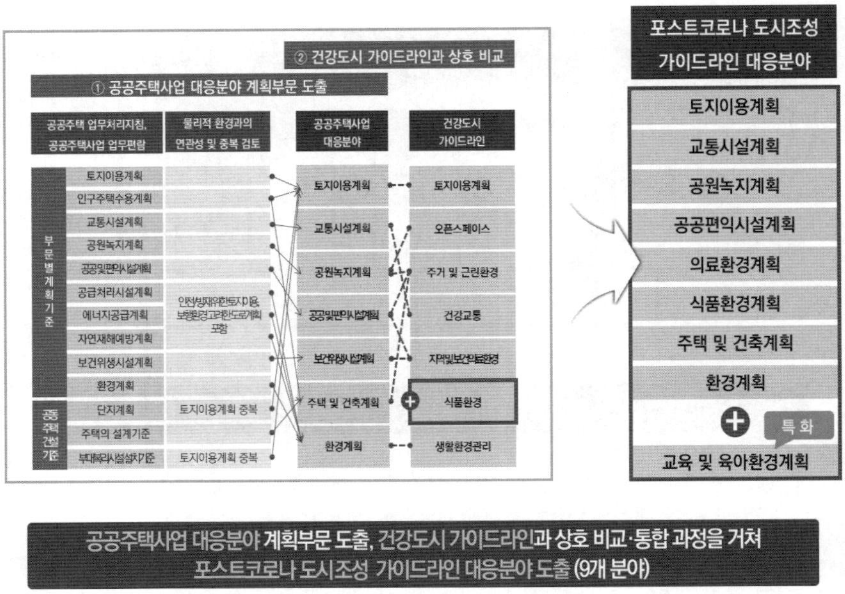

<그림 3-5> 포스트코로나 도시조성 특화설계 대응분야 도출

– **대응분야의 감염병 대응 연관성 비교 · 검토**

- 관련 지침 검토로부터 도출한 대응분야가 감염병 대응과 연관성이 있는지 비교 · 검토해 특화설계의 실효성을 확인할 필요성 존재
- 관련 자료들에서 제시한 미래 변화상 및 도시공간구조 변화 부문의 내용과 '포스트코로나 도시조성 특화설계 대응분야'의 연관성 여부를 검토해 각 대응분야가 감염병 대응에서 어떤 역할을 수행하는지 확인 · 점검
- 검토 결과 '포스트코로나 도시조성 특화설계 대응분야'의 각 분야는 미래변화상 및 도시공간구조 변화 부문에서 도출한 내용과 연관성 있는 개념과 항목을 모두 포함하는 것으로 파악됨

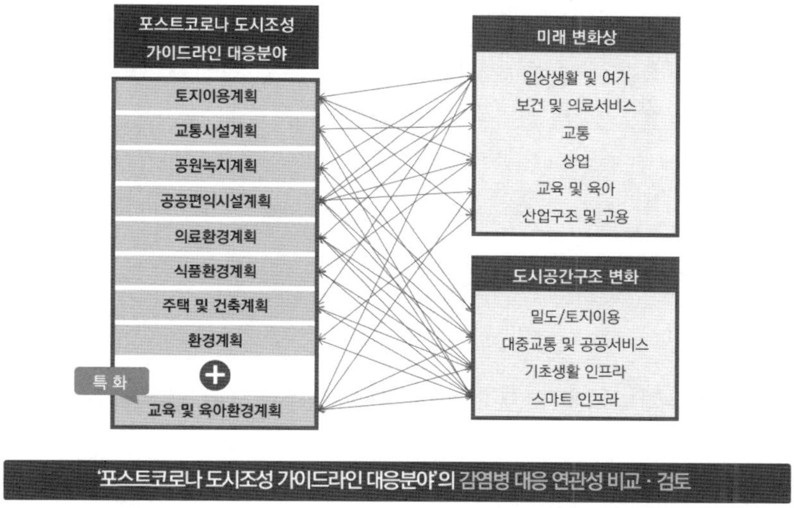

<그림 3-6> 대응분야별 감염병 대응 연관성 비교 · 검토

– **대응분야의 정의 및 용어설명**

- 포스트코로나 도시조성 특화설계의 대응분야별 정의는 다음 〈표 3-7〉과 같음

<표 3-7> 특화설계 대응분야 정의

대응분야	정의
1. 토지이용계획	도시 내 토지를 어떻게 이용할 것인가를 결정하는 공간 내 활동들의 양적 수요를 예측하고 합리적으로 배치하는 계획
2. 교통시설계획	도로, 보도 등의 설치기준, 대중교통체계 및 관련 시설, 가로망 체계, 주차계획 등 교통과 관련된 시설 계획
3. 공원녹지계획	공원 · 녹지율, 도시공원 · 녹지, 광장, 공공공지, 하천 등의 설치 및 관리 등에 관한 계획
4. 공공편익시설계획	공공시설, 복리시설과 같이 생활권역 속에서 공동으로 이용하는 시설 등에 관한 계획
5. 의료환경계획	병원, 보건소, 생활치료센터 등 생활권 내에 안심하고 신속하게 보건의료서비스를 이용 · 관리할 수 있는 계획
6. 식품환경계획	농장, 텃밭 등 건강한 식자재를 생산하는 장소나 장터, 식료품 가게, 편의점 등 식품을 먹거나 구할 수 있는 장소를 설치 관리하거나 신선한 음식을 유통할 수 있는 여건을 계획
7. 주택 및 건축계획	주택의 환경이나 주거단지 내 시설 및 단지와 인접해 있는 생활 편의를 지원할 수 있는 시설의 설치 및 관리하는 계획
8. 환경계획	대기, 수자원, 소음, 기후변화 및 재해 등으로부터 생활을 보장하고 전기, 화석연료와 같은 에너지나 상하수도, 생활쓰레기, 재활용 등과 같은 폐기물 처리 계획

< 특화 계획 >	
교육 및 육아환경계획	학교, 유치원 등 교육시설과 아동복지시설, 놀이터 등 교육 및 육아와 관련된 시설을 설치 및 관리하는 계획

나. 국내 지침분석

1) 공공주택사업 업무처리지침(국토교통부) 및 공공주택사업 업무편람(○○공사)

– **개요**

- 공공주택사업 업무처리지침은 공공주택사업 추진에 필요한 세부적인 사항을 규정하기 위한 목적으로 제정
- 공공주택사업 업무처리지침에서 명시된 사항들은 실제 사업에 반영하는 과정에 필요한 실무적 도움을 제공하기 위해 공공주택사업 업무편람이 제작됨
- 공공주택사업 업무편람을 통해 저출산, 고령화, 다원적 사회 등과 같은 사회 여건 변화에 대응하고 청년, 신혼부부, 노인 등의 주거 안정과 주거수준 향상을 도모하여 쾌적하고 편안한 주거생활을 영위하도록 함
- 공공주택지구 지정 · 계획, 토지의 수용 · 조성, 주택건설 업무 등 공공주택사업 시행에 필요한 실제 도시설계과정과 관련된 종합적 · 구체적인 기준 제시되어 있음
- 토지이용계획, 인구주택수용계획, 교통시설계획, 공원녹지계획, 공공 및 편익시설 계획 등 9개의 부문별 계획기준과 단지계획, 주택의 설계기준, 부대복리시설 설치기준 등 공동주택 건설기준 3개지 부문으로 총 12개 부문으로 구성

<표 3-8> 공공주택사업 업무편람 계획 부문

계획부문	
부문별 계획기준	토지이용계획
	인구주택수용계획
	교통시설계획
	공원녹지계획
	공공 및 편익시설계획
	에너지 공급계획
	자연재해예방계획
	보건위생시설계획
	환경계획
공동주택 건설기준	단지계획
	주택의 설계기준
	부대복리시설 설치기준

– **보완점**

- 도시계획적 지침은 명시되어 있으나 건강도시 조성에 필요한 계획 요소가 추상적으로 명시
- 도시민의 건강 증진과 감염병 상황에 대처 가능한 내용들의 접목 필요

2) 건강도시 가이드라인(국토연구원)

– **개요**

- 한국형 건강도시 조성을 위해 2014년 국토연구원에서 도시기본계획 수준에서 건강증진을 고려한 지침적 성격의 가이드라인 수립
- 2차 연도에서는 건강도시 계획 및 실행방안 수립에 활용할 수 있는 5대 목표 16대 전략 제시를 통해 건강도시 조성을 위한 근린환경 진단도구 마련
- 식품환경, 의료환경 등 감염병 상황에서 필요한 인프라에 관련된 내용 제시

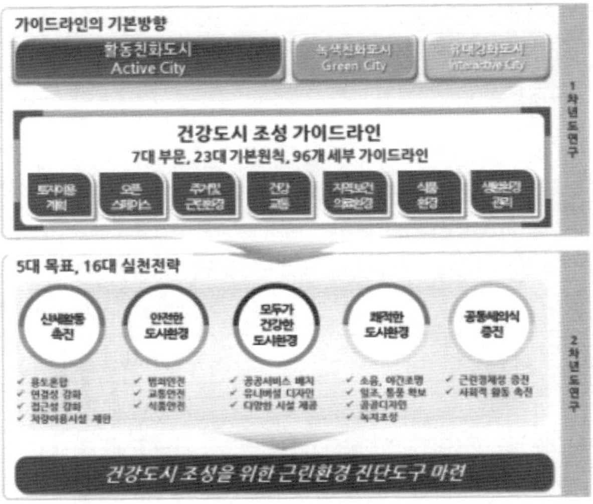

<그림 3-7> 국토연구원 건강도시 가이드라인

(웰빙사회를 선도하는 건강도시조성방안 연구(II),국토연구원, 2014)

– **보완점**

- 건강도시에 초점을 둔 특화설계이기 때문에 도시조성에 적용 가능한 계획기준 필요
- 도시기본계획 수준에서 건강증진을 고려한 지침적 성격의 특화설계를 제시하였으나 신도시에 그대로 적용하기에는 한계 존재
- 감염병에 대응 가능한 인프라 적용방안, 감염병으로 인한 급격한 미래 사회변화상 및 도시공간구조 변화가 지침에 반영 필요

다. 적용방안

▶ 관련 연구결과 반영한 대응요소 도출

– 포스트코로나 도시조성 특화설계 대응 분야별로 미래 변화상, 도시공간구조 변화 부문에서 도출한 내용을 분류 · 반영해 대응요소 도출

– 도출된 대응요소가 앞서 제시된 포스트코로나 주요 계획 이슈를 얼마나 반영하는지 종합적 비교 · 검토 과정 수행

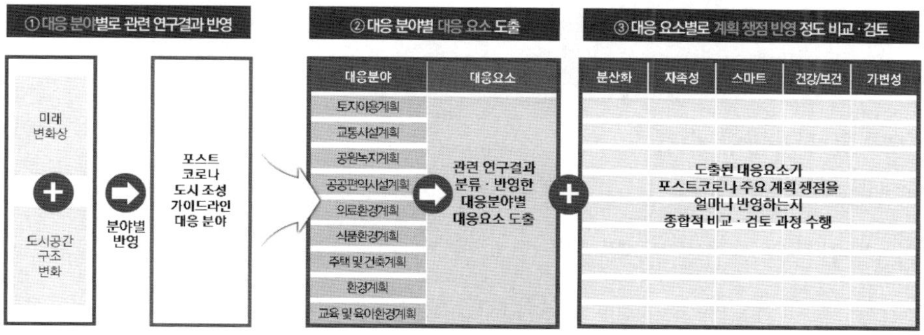

<그림 3-8> 특화설계 대응요소 도출과정

- 관련 연구결과와 계획 쟁점을 반영한 대응요소 및 요소별 적용원리를 도출해 효과적인 포스트코로나 도시조성 특화설계 방안 제시

가이드라인 대응요소 예시

○ : 계획 쟁점 반영, - : 계획 쟁점 해당사항 없음

가이드라인 대응분야	가이드라인 대응요소	대응요소 적용원리 (선행 연구결과 반영)	계획 쟁점 비교 · 검토				
			분산화	자족성	스마트	건강/보건	가변성
토지이용계획	지역거점 복합생활권 형성	• 도심 집중화에 대응하는 분산화 필요성 • 생활지역 범위에서 도시서비스 제공받는 15분 복합생활권 개념에 주목	○	○	-	○	-
	포용적 상업지구 조성	• 쇠퇴하는 도심 상업지구 기능 변화 필요성 • 용도복합, 기능분화 등 다양한 상업지구 활용방안 제시 움직임	○	○	-	-	○
	용도지역 가변성 확장	• 감염병 상황에 대응 가능한 가변적 활용성 증대 • 유연한 용도지역 운영방안 제시 필요성	○	○	-	○	○
	소규모 필지단위 개발을 통한 그린 네트워크 구축	• 생활권 내 주거와 지역서비스의 연결을 지원하는 보행서비스 확충 필요성 • 소생활권 내 친환경적 순환체계 조성해 커뮤니티와의 연계를 도모	-	○	○	-	-

<그림 3-9> 특화설계 대응요소 도출 예시

▶ 대응요소별 적용방안 제시

– 대응요소별 적용방안 수립

- 각 대응요소별로 실제 도시에 적용 가능한 방안 수립
- 적용방안들을 감염병 발생 전/후에 따라 '예방단계'와 '대응단계'로 분류

– 감염병 발생 전(예방단계)

- '도시민 건강증진 가능한 도시공간 형성' 및 '감염병 대비 인프라 확충' 강조

<표 3-9> 예방 단계 항목별 세부 내용

예방 단계	항목별 세부 내용
도시민 건강증진 가능한 도시 공간 형성	· 일상 속 개인 신체활동 증진 유도하는 공간 조성 · 공간 계획시 건강 위해요소 및 감염병 발생 요인 차단
감염병 대비 인프라 확충	· 감염병에 대응 가능한 가변적 활용성 중심 계획 적용 · 감염병 상황에 필요한 의료 및 일상생활 인프라 확충

– 감염병 발생 후(대응단계)

- '비대면 · 접촉 차단 방식으로 감염 차단' 및 '인프라 활용한 대응조치로 감염 확산 방지' 강조

<표 3-10> 대응 단계 항목별 세부 내용

대응 단계	항목별 세부 내용
비대면 · 접촉 차단 방식으로 감염 차단	· 적정 밀도 수준 유지를 위한 밀집 · 집합 상황 방지 · 비대면 상황에 적합한 도시 서비스 지원
인프라 활용한 대응조치로 감염 확산 방지	· 확충한 인프라 중심의 감염병 대응체계 적용 · 신속한 인프라 전환 · 활용 시스템 적용

<그림 3-10> 감염병 발생 전/후 단계 도식 종합

03 팬데믹 대응 도시공간 설계방안

가. 토지이용계획

1) 지역거점 복합생활권 형성

– **계획목표**

- 도심 집중화로 인한 감염병 취약성에 대응하는 '분산화된 지역거점 생활권' 형성
- 각 지역거점 생활권은 생활서비스 이용이 가능한 '15분 복합생활권'으로 조성

– **적용방안**

구분	내용
예방	1) 도심으로 통근하는 근로자 주거지역을 중점적으로 지역거점 생활권 형성 2) 감염병 상황에 중점적으로 필요한 생활 서비스를 우선적으로 고려해 배치 3) 각 생활SOC는 보도로 15분 안에 접근 가능하도록 배치 4) 생활SOC는 생활권 중심에 저밀 선형 배치하여 이용자 동선 겹치는 현상 최대한 배제
대응	1) 감염병 상황 발생시 지역거점 생활권에 갖춰진 생활SOC 중심으로 일상생활 지속하며 이동 최소화 (ex. 지역거점 생활권 내 워크스테이션으로 통근 대체) 2) 주요 생활SOC의 보행 접근성이 원활히 유지되도록 지역거점 생활권 내 보행체계 유지 · 활성화 3) 심각한 감염병 상황시, 지역거점 생활권 내에서 필수 생활SOC 서비스를 블록 단위로 분산화하여 역할 수행(ex. 식료, 생활, 의료 등)

2) 포용적 상업지구 조성

- **계획목표**
  - 코로나 19 장기화로 상업시설 매출 감소, 공실률 증가 등 도심 상업지구 쇠퇴 가속화
  - 상업지구 일부분을 주거, 물류 등 다른 용도로 전환하거나 근린 상권으로 기능 이전하는 등 포용적 상업지구 형성해 복합화 및 기능분화 실현

- **적용방안**

예방	1) 기존 토지이용계획의 상업지구 비율에서 도심상권(중심 상업지구) 면적 감소 2) 근린 상권(근린상업 · 일반상업지구) 면적 증가해 반영 3) 상업지역 내 복합용지, 공공용지 비율 증가 4) 해당 용지가 주요 보행가로와 연결되도록 배치하여 보행 접근성 향상
대응	1) 근린상권에서 도심 상업지구 역할을 일부 수행 2) 공공용지 활용한 상업지구 내 소규모 오픈스페이스 등을 통한 과밀 혼잡 방지 유도 3) 감염병 상황에서 필요한 도시서비스 기능을 도심/근린 상업지구에 확보한 복합용지, 공공용지 및 공실 활용해 도입(ex. 물류거점, 의료지원, 임시생활주거 등)

3) 용도지역 가변성 확장

- **계획목표**
  - 기존 경직적 용도지역제로는 감염병 전후로 변화하는 여건 및 상황마다 필요한 기능 · 시설 도입에 어려움 발생
  - 용도지역의 가변성을 확장해 감염병 상황에 유연하게 대응

- **적용방안**

예방	1) 지역거점 복합생활권, 도심/근린 상업지구 등에 복합용도지역을 적정 비율 배치해 다양한 토지이용 수요에 대응 2) 지역거점 생활권에서 중 · 소규모 유보지 확보 및 분산 배치해 향후 필요한 토지이용 유연화에 대비
대응	1) 감염병 발생시 필요한 용도 · 시설 도입 위해 용도지역 제한사항 검토, 일시적 완화 2) 생활권 내 복합용도지역 및 유보지를 활용해 수요가 급증하는 도시서비스 인프라, 생활SOC 설치

4) 소규모 필지단위 개발을 통한 그린 네트워크 구축

– **계획목표**

- 생활권 내 주거와 지역서비스의 연결을 지원하는 보행서비스 확충 필요성
- 주거단지 내 친환경적 순환체계 조성해 커뮤니티와의 연계를 도모

– **적용방안**

예방	1) 단지의 개발 단위를 소규모로 분할해 다양한 필지 간 공간 활용성 확보 2) 분할된 개별 필지간 조합을 활용한 그린 네트워크 확충(ex. 합필, 결합개발 등) 3) 조성된 그린 네트워크를 활용한 보행연계방안 적용(ex. 주거지역간 녹지연결가로 형성) 4) 그린 네트워크끼리 교차하는 지점에 소규모 일상생활 프로그램 도입(ex. 여가, 커뮤니티, 문화 등)
대응	1) 감염병 상황시 그린 네트워크를 일방통행화하여 타인과 접촉빈도 감소 2) 그린 네트워크에 사회적 거리두기 가능한 야외 운동시설 배치해 스트레스 해소 및 심리적 안정 도모

나. 교통시설계획

1) 대중교통시설 및 공유교통시설 위생·방역 강화

– **계획목표**

- 코로나 19 감염 우려로 대중교통 이용 불안감 만연 및 대중교통 기피 현상 발생
- 대중교통시설 및 공유교통시설에 대한 위생 · 방역 강화 통해 감염 안전성 확보

– **적용방안**

예방	1) 대중교통 정류장, 공유교통 정류장/거치대에 감염 차단 방안 적용(ex. 승 · 하차 동선 분리, 간격 유지 안내표시, 위생 및 환기설비 확충, 마스크 및 위생설비 자동판매대 등) 2) 대중교통 차고지 계획시 차량 내 · 외부 방역을 수행하는 전용공간 배치

대응	1) 감염병 상황시 운영하는 대중교통 및 공유교통 위생 · 방역 매뉴얼 전면 적용 2) 체온 감지 시스템의 경우 역사시설 지상부 출입구에 우선적으로 배치해 운영 3) 대규모 인원의 신속 · 정확한 체온 감지가 가능한 경우 정류장별 체온 감지 시스템 적용

2) 개인교통수단 인프라 확충

– 계획목표

- 코로나 19 이후 자전거, PM 등 개인교통수단 재인식 및 실제 이용률 증가 관측
- 자전거 및 PM 전용 도로망, 주차/거치시설, 충전시설 등 관련 인프라 확충 통해 단거리 교통활동 보장

– 적용방안

예방	1) 도로 계획 과정에 자전거 및 PM 전용도로 설계안 반영(ex. 전용도로 폭원 차로당 2m 확대, PM 제한속도 명시 등) 2) 주거 · 상업지구, 역사 출입지점 등 주요 도시공간 중심으로 개인교통수단 관련 인프라 및 편의시설 확충(ex. 복합주차시설, 거치대, 급속충전시설, 수리시설 등)
대응	1) 도시공간 간 자전거전용도로 연계체계 강화해 감염병 상황에서 근거리 이동시 자전거, PM 이용 유도(ex. 필요시 차선 활용한 임시 자전거도로 추가 설치) 2) 설치한 인프라 및 편의시설이 제대로 운영 · 작동하도록 주기적 확인 · 점검 시스템 강화

3) 스마트 물류 운송 인프라 설치

– 계획목표

- 배달시장 성장으로 인한 효율적 물류 운송 인프라 구축 필요성 증대
- 물류 운송 증가에 적절히 대응하는 맞춤형 스마트 물류 운송 인프라 설치

– 적용방안

예방	1) 도로 지하공간, 공동구 등을 활용한 자율주행 로봇 중심의 지하부 물류 운송 네트워크 · 시스템 도입 2) 물류거점, 근린상업지구 등에 노면주차장 · 포켓주차장 설치해 물류 차량 주정차 공간 확보

대응	1) 지하부 물류 운송 네트워크를 활용한 스마트 배송체계 전면 도입 2) 설비 접근 어려운 지역에 자율주행 · 드론 · 인력 활용해 물류 배송 취약지점 발생 방지

4) 감염병 대응형 통합가로 설계

– **계획목표**

- 기존 도로설계 지침상으로는 감염병 상황 전후로 변화하는 도로이용 패턴을 반영하는데 한계점 존재
- 감염병 대응형 통합가로(complete street) 설계안을 적용해 감염병 상황에서도 이동성과 보행성을 보장하는 가로공간 조성
- 감염병 상황시 택티컬 기법 적용해 필요한 교통인프라 임시 확충

– **적용방안**

예방	1) 보행공간, 자전거도로, 대중교통시설 등을 우선적으로 고려한 통합가로 개념 반영 2) 보행 및 자전거로 지역거점 생활권 내 전 구간을 이동하기 문제없도록 연결지점 및 연계체계 강화한 설계 적용
대응	1) 감염병 상황시 가변 차로 전환해 보행공간 확대 · 임시 자전거 전용도로 설치 2) 페인트, 볼라드, 간판, 화분 등 임시시설물 활용해 차로를 보행공간 및 자전거도로로 확장하는 택티컬 기법 적용.

다. 공원녹지계획

1) 보행권 내 접근 가능한 공원 조성

– **계획목표**

- 코로나 19 장기화로 인한 실내생활 스트레스 해소를 위해 공원시설 요구 증가
- 평면 · 입체적 공간계획 통해 보행권 내 접근 가능한 공원 조성 추구

– **적용방안**

예방	1) 지역거점 생활권 내 보행체계와 연계되는 주요 거점 또는 주거지역마다 중 · 소규모 공원 및 녹지 배치 2) 보행체계를 선형녹지화하여 공원 접근성 강화한 녹지축 형성 3) 주거지역-공원(선형녹지)-생활권 중심(생활SOC, 상업 · 업무 등)으로 연계되는 생활동선 형성 4) 생활SOC 건물, 공동주택 주동 옥상부 등 다중이용 건축물 옥상부 활용한 녹지조성
대응	1) 근린상권 내 공공용지, 생활권 내 유보지 등 활용해 추가적 공원을 보행권 내 조성 2) 공원 및 선형녹지 보행공간에 감염병 상황시 필요한 편의, 문화 · 여가시설 기능을 적정 간격으로 도입

2) 공원 내 개인영역 확보

– **계획목표**

- 공원 이용률 증가하면서 사람들이 밀집되는 현상에 따른 감염 확산 위험성 우려
- 공원시설 이용시 비대면 및 사회적 거리두기가 가능하도록 개인영역 확보된 설계방안 반영

– **적용방안**

예방	1) 공원 내 주요 보행로 및 활동공간에 개인영역을 확보 · 구획 · 안내할 수 있는 설계 디자인 개발 · 적용 2) 택티컬 기법을 활용한 개인영역 디자인 가능 3) 공원 내 이동 동선의 경우 상호 겹치지 않도록 보행로 분산 및 선형화 기법 적용
대응	1) 개인영역 설계 디자인은 감염병 상황시 변화하는 공원수요와 인구 동선에 맞춰 유동적으로 위치, 규모, 개수 변형 가능 2) 설계 디자인이 유지 · 관리되도록 지속적 모니터링 실행

3) 방역기능 강화한 스마트공원 운영

– **계획목표**

- 코로나 19 사태 이후 국내 공원 방문 · 이용률 꾸준히 증가한 상황
- 방역기능 강화한 스마트공원 운영을 통해 효과적 코로나 19 감염차단 방안 마련

– **적용방안**

예방	1) 공원 출입 지점, 주요 동선 결절점 등에 스마트 안내 시스템 설치 2) 스마트 안내 시스템으로 공원 내 혼잡 여부, 방역 수칙, 이용자 맞춤형 이동 경로 안내, 위생설비 이용 등 서비스 제공 3) 공원 출입 지점에 위생방역 시스템 설치(ex. 위생 및 환기설비 확충, 마스크 및 위생설비 자동판매대, 실시간 체온감지기 등)
대응	1) 위생방역 및 스마트 안내 시스템의 통합적 운영 · 관리체계 구축해 효과적 감염병 확산 방지 추구 2) 스마트공원에서 운영하는 방역기능 관련 데이터를 축적해 인접 공원 및 도시공간에 점진적으로 적용

4) 공원 내 의료·방재기능 공간 확보

– **계획목표**

- 세계적으로 공원, 녹지공간을 코로나 19 상황에 필요한 임시병동, 임시주거 등 용도로 유연하게 활용
- 공원 내 녹지공간 · 오픈스페이스 활용해 코로나 19 대응에 필요한 의료 및 방재기능 공간 확보

– **적용방안**

예방	1) 공원녹지 조성시 의료 · 방재기능 역할 수행하는 일정 규모 공간 확보 2) 확보한 공간은 비상차량도로 등 방재기능 기반시설과 적극 연계 3) 공원 외곽부에 전이공간 확보해 방재기능 역할 수행 4) 의료 · 방재기능 공간의 건축시설물 설치 최소화, 응급의료물품 비치설비 적용
대응	1) 주기적 모니터링 통해 공원녹지가 의료 · 방재 기능을 충실히 수행할 수 있는지 점검 2) 감염병 상황시 공원녹지 내 해당 공간에 의료 · 방재 기능을 적절히 적용(ex. 경증확진자 관리를 위한 임시 생활치료시설 설치)

라. 공공편익시설계획

1) 포용적 공유존을 통한 생활권 네트워크 형성

– 계획목표

- 취약계층의 지원 및 생활권의 자족성 확보을 위해 공공서비스의 역할 확대
- 도시 내 모든 거주자에 대한 보행접근성이 보장된 공공편익시설의 배치를 통해 지역의 인프라 네트워크를 활성화하고 자족성을 갖춘 생활권 계획

– 적용방안

예방	1) 생활권의 공공편익시설을 공원녹지 및 보행공간과 함께 연계하여 선형으로 배치 2) 동일 기능의 공공편익시설을 복합배치하여 문화존(Culture Zone), 에듀존(Edu Zone), 소셜존(Social Zone) 등의 생활권 네트워크 형성 3) 공유존 내 보행동선 입체화를 통한 쾌적한 보행환경 증진 및 생활권 서비스의 연계

2) 분산형 커뮤니티시설 및 외부공간계획

– 계획목표

- 원격교육, 재택근무 등 뉴노멀 변화상을 수용할 수 있는 새로운 형태의 주거공간 조성
- 분산형 공간계획을 적용해 감염병 상황시 필요한 다양한 기능을 분산배치

– 적용방안

예방	1) 단지 중심부 조경공간을 소규모 분산화하여 동별로 공유하는 외부공간 조성 2) 위치 이동할 수 있는 모빌리티 모듈(mobility-module) 형태의 소규모 휴게시설 조성 3) 분산된 소규모 부대복리시설은 주거단지 내 서비스 소외지역이 발생하지 않도록 배치 4) 주택 저층부를 활용한 동단위 공유공간 조성해 언택트 변화상 반영(ex. 홈오피스 공간, 주거단지 내 워크스테이션, 긴급 보육 공간 등)
대응	1) 감염병 상황시 분산된 부대복리시설 이용인원을 제한하는 매뉴얼 적용 2) 매뉴얼은 규모, 입지 및 감염 확산의 심각성에 따라 단계별로 적용하도록 계획

3) 건축 가변성을 통한 탄력적 공간 활용

– **계획목표**

- 감염병 확산으로 인한 공공건축 내 공실률 및 대응적 도시서비스의 부족 현상 발생
- 공간의 형태 및 사용 목적을 유연하게 변형하여 비상 대응시설로 활용 가능한 공공건축물 계획

– **적용방안**

예방	1) 공공편익시설 내 의료 및 위생용품을 비축을 위한 방재거점 마련 2) 모듈러 건축을 통해 단위공간별 기능변형이 가능한 공공편익시설 조성
대응	1) 감염병 발생 시 개별 모듈의 재구조화를 통해 지역의 감염병 대응 거점으로 활용 2) 건축물 내외부 및 연결부의 비접촉방식 전환을 통해 셧다운 상황에서의 부분적 운영 도모

4) 생활밀착형 물류거점 확충

– **계획목표**

- 비대면 · 비접촉(언택트) 생활방식이 지속되면서 온라인 택배, 배달서비스 급증
- 물류배송 급증 현상에 대응하는 지역단위 생활밀착형 물류거점 확충

– **적용방안**

예방	1) 지역거점 생활권, 주요 상업 · 주거지역마다 물류거점 용지 배치 2) 각 물류거점은 생활물류 이동을 담당할 수 있는 핵심 입지에 우선적 배치 3) 생활권 단위에서 단일 대형 물류거점보다는 복수의 중소형 물류거점 배치를 권장
대응	1) 확충한 물류거점간 연계시스템을 통한 감염병 상황에 필요한 생활서비스 유지 2) 감염확산으로 인해 특정 물류거점이 역할 불가능할시, 다른 물류거점을 중심으로 배송체계 재편성해 물류배송 취약지점 발생 방지

5) 스마트 인프라 확충

– **계획목표**

- 언택트 중심의 사회적 변화상을 수용할 수 있는 생활권 인프라 마련의 필요성
- 생활권 인프라 내 디지털 설비 등 스마트 환경의 조성을 통해 비대면 생활양식을 지원하고 감염병을 예방할 수 있는 설비 마련

– **적용방안**

예방	1) 다양한 업무 및 업종의 근로여건에 부합하는 업무공간을 위한 생활형 워크스테이션 조성 2) IoT 제어기술 및 인공지능 환경분석 기능을 통해 공공편익시설에 자율적 케어서비스 도입 3) 출입구에 적용할 스마트 방역위생 시스템(체온감지, 자동문, 체크인 코드 등) 구축
대응	생활권에서의 확진자 동선, 방역여부, 운영지침 등을 확인 가능한 API(Application Program Interface) 체계 마련

마. 의료환경계획

1) 생활권 공공의료인프라 구축

– **계획목표**

- 의료서비스 접근성 취약지역, 저소득층 거주지역을 고려한 공공의료 서비스 확대 필요
- 생활권 내에서 보도로 접근 가능한 공공의료 서비스 제공

– **적용방안**

예방	1) 음압병동, 비상병동 등을 갖춘 지역거점 종합병원을 적정 위치에 배치 2) 지역거점 종합병원 배치시 도시 규모 및 기능, 응급의료환자 신속 이송가능 여부 등을 중점적으로 고려 3) 지역거점 생활권에 보건지소, 건강생활지원센터 등 공공의료시설 분산 배치해 취약계층의 의료접근성 확보 4) 생활권 내 공공의료시설 분산배치시 대중교통 접근성, 보행체계 연계성 등을 중점적으로 고려
대응	1) 감염병 상황 발생시 공공의료시설 인근 주차장 및 야외 공공공간에 선별진료소를 설치하여 효율적 대응 2) 지역 거점 종합병원과 공공의료시설 간 연계가 가능하도록 통합적 운영 · 관리체계 구축

2) 생활치료센터 도입

– **계획목표**

- 감염병 유행상황에서 부족한 의료자원을 효율적으로 마련해야 할 필요성 대두
- 빠른 감염병 확산 속도 및 급증하는 경증환자 숫자에 대비한 생활치료센터 확충전략 통해 효과적 대응방안 마련

– **적용방안**

예방	1) 연수시설, 기숙사, 숙박시설 등 생활치료센터 후보군을 선별해 생활권 적재적소에 배치 2) 생활치료센터 후보군은 인구밀도와 지역적 특성을 반영하여 선정 3) 음압, 환기 시스템 등 생활치료센터에 필수적인 건축 기준 적용
대응	1) 감염병 확산 속도에 맞춰 연수시설, 기숙사, 숙박시설 등을 생활치료센터로 전환할 수 있는 단계별 시스템 구축 2) 지역거점 의료시설 및 생활치료센터간 연계를 통한 감염병 환자 관리체계 구축

3) 감염병 대비시설 확충

– **계획목표**

- 감염병 유행시 마스크, 의약품, 병실 부족 등 의료 인프라 부족현상 발생
- 의료 인프라 확충 대안을 통해 감염병 발생시에도 도시기능의 연속성을 유지 · 확보할 필요성 강조

– **적용방안**

예방	1) 음압병상, 중환자실, 비상병동 등 병원 내 감염병 대응 인프라 선제적 확충 2) 방재 거점 빌딩을 생활권 중심지역에 배치하여 비상시 활용가능한 인프라 제공 (ex. 비상용발전소, 급수 및 의료시설, 비축물자창고 등)
대응	1) 감염병 발생시 방재거점 빌딩으로의 접근성이 원활히 유지되도록 교통 · 동선체계 구축 2) 주기적 모니터링 통해 방재건물 내 인프라 및 편의시설이 제대로 운영 · 작동하는지 점검

4) 스마트 의료 인프라 구축

– **계획목표**

- 감염병 위험으로부터 의료진과 일반 환자를 보호할 필요성 증가
- 환자의 의료편의성 제고 필요성 증대
- 의료 취약계층을 고려한 스마트 인프라 구축을 통해 효과적 감염병 차단 방안 마련

– **적용방안**

예방	1) 디지털 기반 스마트 병원 설치를 통해 실시간 환자 모니터링 및 의료기관 간 협진 가능한 시스템 마련 2) 병원 진료 · 입원 과정에서 안전 진료가 가능한 호흡기전담클리닉 도입
대응	1) 비상벨, CCTV, 열 감지 모니터링 시스템을 갖춘 스마트 폴을 활용한 감염병 상황시 필요한 기능 수행(ex. 혼잡도 점검, 응급 알람시스템, 감염자 동선추적 등) 2) 스마트 기술을 활용해 감염 위험이 있는 의료 폐기물을 운송 · 폐기하는 처리 시스템 구축

바. 식품환경계획

1) 도시농업 인프라 조성

– **계획목표**

- 코로나 19 장기화로 도시 내 자족적인 식자재 공급망 불안 요인 확대
- 도시농업 활성화를 통해 건강한 먹거리 및 식재료를 공급하고 도시민의 여가활동 제공

– **적용방안**

예방	1) 도시 내 농업구역 설정, 유보지 활용, 도시농업공원 조성 등으로 일정 면적 이상 농지 확보 2) 개별 도시의 특성을 고려한 다양한 도시농업 방안 적용(ex. 텃밭농원, 옥상농원, 스마트 팜, 수직농업, 아쿠아포닉스 등) 3) 주거단지 내 음식물 자원화 바이오 시스템을 구축해 퇴비 생산 및 도시농업에 활용

2) 식자재 유통체계 개선

- **계획목표**
  - 감염병 상황에서 도시 내 식자재 구입 · 유통체계 변화 가속화
  - 도시 내에서 식재료 공급 · 유통할 수 있는 자족적 체계 마련

- **적용방안**

예방	1) 물류 · 유통시설을 도시농업시설 인근에 배치해 신속한 식품 유통 지원 2) 주거지역 주변 오픈스페이스의 유연한 활용을 통해 식품 직거래 장터 활성화 3) 주거단지 · 주택지구 계획시 냉장택배 무인보관함 설치해 식자재 구입 · 유통 과정에서 신선한 보관 가능 4) 냉장택배 무인보관함 설치시 공동주택 지하부, 동네 복합주차장 등 물품 상하차 용이한 공간을 우선적으로 고려
대응	1) 식재료 생산 · 유통 · 공급 시스템의 통합적 운영 · 관리체계 구축 2) 식품 유통 과정의 안전성 · 위생 수준을 검증하는 모니터링 체계 지속적 가동

사. 주택 및 건축계획

1) 감염병 대응형 주동구조 적용

- **계획목표**
  - 엘리베이터 · 계단 · 복도와 같은 주동 내 공용공간(코어)에서 세대 간 감염병 확산 발생
  - 공동주택 내부에서 감염병 확산 방지를 위한 원활한 환기 체계 및 일조량 확보 필요성

- **적용방안**

예방	1) 주동 코어 위치 변경해 단위세대 통풍 및 외부 연결성 강화(ex. 주동 외벽 혹은 세대 사이 공간으로 코어 이동) 2) 실내 동선 분산화 가능한 코어 설계 적용 3) 공용 복도 폭을 확대해 주동 공용공간 이용시 거리두기 실천 4) 공용공간 내 패시브 환기 시스템 도입

2) 단위세대 주거구조 및 주거설계 변경

- **계획목표**
  - 주택 내 거주 시간이 증가함에 따라 주거공간의 기능적 다양성 요구 증가
  - 친환경적인 실내 주거공간을 조성해 정서적 안정을 도모할 필요성 존재

- **적용방안**

예방	1) 기둥식 구조를 활용한 전용면적 증가 2) 가변형 벽체를 활용해 거주자 필요에 따라 공간변형 가능한 주택설계 3) 테라스, 발코니, 베란다 등 야외연결 공간 확충해 환기의 용이성 및 친환경적 공간 확보

3) 스마트 전이공간 적용

- **계획목표**
  - 실내 공간에서의 감염병 확산 방지를 위해 외부로부터의 감염병 유입 차단 필요성 인식
  - 주동 출입구에 스마트 기술 도입한 전이공간을 마련해 출입인원 건강상태 확인 및 방역기능 수행

- **적용방안**

예방	1) 사물 접촉 없이도 출입 가능한 시스템 도입 2) 근거리무선통신(NFC) 기술 활용한 공동현관문 개방, 자동화된 승강기 호출 등 3) 사물인터넷(IoT) 기술 도입한 에어샤워 존(Air-Shower Zone) 설치해 위생 · 방역 사전 관리체계 마련

아. 환경계획

1) 환기·통풍 원활한 도시공간 조성

– **계획목표**

- 코로나 19 관련 연구는 에어로졸 감염을 막기 위한 환기 · 통풍 중요성 강조
- 바람길 고려한 설계, 건축물 내 환기, 공조설비 개선 통해 감염병 확산 방지

– **적용방안**

예방	1) 도시공간 계획시 바람길 조성방안 중점적 고려(ex. 오픈스페이스 연결, 바람의 길을 막는 횡적 건물배치 지양, 건축물 높이 조절 등) 2) 생활 가로에 공기질 향상 기법 적용(ex. 공기정화 식재 도입, 벽면 녹화, 차단숲 등) 3) 감염 고위험 대상시설의 공조설비 기준 강화(ex. 원활한 실내통풍 가능한 건축구조 설계, 에어필터 설치, 건축물내 기계식 환기시스템 도입 등)
대응	감염병 상황시 급기와 배기공기를 분리한 바이러스 외부배출 환기 시스템 구축

2) 신재생 에너지 활성화 및 자원순환형 생활 환경 조성

– **계획목표**

- 코로나 19로 발생한 기존 에너지 수급 과정의 리스크에 대응하는 자족적 에너지 수급 필요성 강조
- 감염병 상황에서 효율적으로 작동하는 에너지 자족적 도시조성 방안 마련

– **적용방안**

예방	1) 신재생 에너지 인프라를 지역거점 생활권 내에 배치(ex. 수소 충전소, 태양광, 전기 자동차 충전소 등) 2) 주요 도시공간 및 도시시설에 신재생에너지 공급시스템 확충(ex. 도시기반시설, 공공시설물, 공동주택 단지 공용시설 등) 3) 단지 및 건축 계획시 저탄소 에너지절약형 기술 반영한 계획 적용(ex. 패시브 주택) 4) 효율적인 수자원 이용을 위한 저영향 개발기법(LID) 도입(ex. 빗물저장시설, 투수면적 확대 등)

3) 생활 폐기물 처리 시설 확충

- **계획목표**
  - 코로나 19로 인한 온라인 쇼핑 · 음식 배달의 증가로 포장재, 플라스틱 용기 등 생활 폐기물 배출량 증가
  - 격리병원, 생활치료센터 등에서 발생한 의료폐기물로부터의 감염을 방지하는 폐기물 처리 시설 필요성

- **적용방안**

예방	1) 생활권 또는 사업지구 내 폐기물처리시설 및 소각장 설치 여부 검토 필수화 2) 입지, 시설 규모, 운영 형태 등을 중점적으로 고려하여 시설 설치 여부 결정 3) 스마트 처리시설 도입해 안전하고 위생적으로 폐기물 처리(ex. 자동크린넷시스템 등) 4) 의료폐기물 전용 집하장을 설치해 폐기물 소독 및 저온 처리 시설 구축
대응	1) 감염병 상황시 폐기물처리시설에서 생활권 내 폐기물 처리 담당해 감염병 확산 차단 2) 설치한 처리시설 인프라가 제대로 운영 · 작동하도록 주기적 확인점검 시스템 강화

자. 교육 및 육아환경계획

1) 교육시설의 수평적 복합화

- **계획목표**
- 감염병 대응체계 마련 통해 지역마다 아이 키우기 좋은 환경 조성할 필요성 강조
- 학교 · 보육 · 공공시설을 상호보완적으로 연계하여 교육 기능에 적절한 입지 및 서비스 제공

- **적용방안**

예방	1) 생활권 내 교육 · 육아에 필요한 기능 복합화(ex. 학교, 보육, 커뮤니티, 생활SOC 등) 2) 복합화한 교육시설은 저밀도로 분산배치해 상호보완 기능 유지하며 동선 겹치는 현상 방지 3) 교육시설은 공원 및 녹지공간과 연계해 완충공간 제공, 감염병 대응형 통학로 및 교육환경 조성 4) 교육 · 육아 공공지원시설 및 생활SOC 배치해 아동 · 보육자에게 필요한 의료, 교육, 복지, 문화 서비스 지원(ex. 청소년문화센터, 방과후 교실 등)
대응	공공지원시설 내 다목적 공간을 긴급 돌봄 센터로 전환하여 취약계층 · 의료인 · 필수근로자 자녀들을 위한 육아 · 복지서비스 제공

2) 야외 공공공간 활용한 교육·육아 기능 확장

– **계획목표**

- 다중밀집 현상이 발생하는 실내 교육공간의 인구를 분산할 필요성
- 실내로 제한되었던 학습공간을 외부공간으로 확장해 사회적 거리두기 및 폭 넓은 교육의 장 마련

– **적용방안**

예방	1) 교육시설 부지의 텃밭, 생태학습장 등을 활용한 야외 학습공간 설계 2) 아동의 신체활동 및 심리적 안정을 위한 공공공간을 보육시설과 연계하여 계획(ex. 야외 독서공간, 언택트 스포츠, 야외정원 등) 3) 학교 및 보육시설의 옥상을 정원 및 야외활동 공간으로 설계
대응	임시구조물, 가변형 공작물을 활용한 야외공간 교실화 등 다양한 기법 적용해 실내공간 다중밀집 현상 방지

3) 돌봄 및 신체활동을 위한 공간 마련

– **계획목표**

- 보육시설 및 놀이터의 폐쇄로 돌봄 공백 및 아동의 신체활동 감소가 발생
- 돌봄 공백 현상에 대응하여 필수 근로자 및 취약계층을 위한 지원 공간 마련
- 접촉을 최소화할 수 있는 실내외 놀이공간을 조성하여 감염병 상황에도 아동의 신체활동이 가능한 환경 마련

– **적용방안**

예방	1) 워크스테이션과 연결되어 자연 감시가 가능한 '온워치(On-Watch) 놀이공간' 조성 2) 접촉을 최소화할 수 있는 어린이 놀이터 조성
대응	1) 주거단지 및 생활인프라 내 가변적 공간을 활용한 '365 돌봄센터' 조성 2) 차량을 통제한 도로구간 등 기존 도시공간을 활용한 비접촉 야외 놀이터 조성

차. 종합

– **대응분야별 대응요소 도출 종합**

- 9개 대응분야별 총 31개 대응요소 도출

<표 3-11> 포스트코로나 도시조성 대응분야별 대응요소 도출 종합

대응분야	대응요소
1. 토지이용계획	· 지역거점 복합생활권 형성
	· 포용적 상업지구 조성
	· 용도지역 가변성 확장
	· 소규모 필지단위 개발을 통한 그린 네트워크 구축
2. 교통시설계획	· 대중교통시설 및 공유교통시설 위생 · 방역 강화
	· 개인교통수단 인프라 확충
	· 스마트 물류 운송 인프라 설치
	· 감염병 대응형 통합가로 설계
3. 공원녹지계획	· 보행권 내 접근 가능한 공원 조성
	· 공원 내 개인영역 확보
	· 방역기능 강화한 스마트공원 운영
	· 공원 내 의료 · 방재기능 공간 확보
4. 공공편익시설계획	· 포용적 공유존을 통한 생활권 네트워크 형성
	· 분산형 커뮤니티시설 및 외부공간계획
	· 건축 가변성을 통한 탄력적 공간 활용
	· 생활밀착형 물류거점 확충
	· 스마트 인프라 확충
5. 의료환경계획	· 생활권 공공의료인프라 구축
	· 생활치료센터 도입
	· 감염병 대비시설 확충
	· 스마트 의료 인프라 구축
6. 식품환경계획	· 도시농업 인프라 조성
	· 식자재 유통체계 개선

7. 주택 및 건축계획	· 감염병 대응형 주동구조 적용
	· 단위세대 주거구조 및 주거설계 변경
	· 스마트 전이공간 적용
8. 환경계획	· 환기 · 통풍 원활한 도시공간 조성
	· 신재생 에너지 활성화 및 자원순환형 생활 환경 조성
	· 생활 폐기물 처리 시설 확충
9. 교육 및 육아 환경계획	· 교육시설의 수평적 복합화
	· 야외 공공공간 활용한 교육 · 육아 기능 확장
	· 돌봄 및 신체활동을 위한 공간 마련

Ⅳ

팬데믹 시대의 학교시설 대응방안

1. 감염병과 학교공간
2. 학교시설 관련 지침분석 및 적용방안
3. 팬데믹 대응 학교시설 설계방안

01 감염병과 학교공간

가. 감염병과 교육

1) 코로나 19로 인한 교육 분야 변화

– **개요**

- 사회 · 경제 전반에 걸쳐 영향을 끼친 코로나 19는 교육 분야에도 많은 변화를 일으킴
- 교육 분야의 변화는 주로 등교 제한 · 온라인 개학에 따른 비대면 원격수업 확대, 상당 기간 진행된 휴교령 및 제한적 등교에 따른 학생 일상생활 변화와 연관됨

– **등교 제한 및 온라인 개학**

- 코로나 19 최초 발생 이후 〈그림 4-1〉과 같이 각국에서 휴교 조치를 단행하면서 2020년 4월 기준 전 세계 학생 중 75.4%가 휴교 상황에 놓임

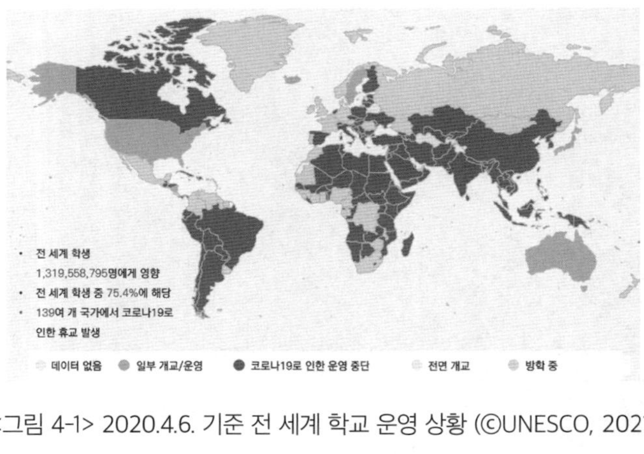

<그림 4-1> 2020.4.6. 기준 전 세계 학교 운영 상황 (©UNESCO, 2021)

- 이후 일괄적 휴교 조치를 유지한 국가는 129개국(2020.5.), 87개국(2020.6.), 37개국(2020.7.) 등으로 줄어들었으나, 대부분 등교 제한 · 온라인 개학 등으로 전환
- 우리나라의 경우 2020년 상반기에 세 차례 휴교령이 반복되면서 개학이 1달 이상 미뤄졌고, 이후에도 등교 인원을 제한하고 온라인 수업과 등교수업을 병행하는 상황

– **비대면 원격 수업 확대**

- 코로나 19 상황이 장기간 지속되면서 학업 중단, 교육 공백 등에 대한 우려의 목소리가 커지고 원격 방식의 비대면 수업이 필요하다는 의견이 커지고 있음
- 세계 각국에서 대면 수업의 대안으로 온라인 교수학습 도구, 학교 교사 온라인 강의, TV 교육방송, 라디오 교육 등 원격 교육 실시(Reimers & Schleicher, 2020)
- 우리나라도 학생들의 학습권을 보장하기 위해 Zoom · 구글 클래스를 통한 온라인 원격 수업, EBS 교육방송 자료 등 활용한 비대면 원격 수업 진행

– **학생들의 일상생활 변화**

- 감염병 확산으로 인한 학교 이용 제한, 등교 제한 · 온라인 개학 및 비대면 원격 수업의 확대는 학생들의 일상 및 학습 생활에 많은 영향을 끼침(이경재, 2020)
- 학생들의 생활 양식 변화는 〈표 4-1〉과 같이 학습 생활, 물리적 환경, 여가활동 및 놀이, 사회적 관계, 안전 및 행동, 건강 측면에서 살펴볼 수 있음

<표 4-1> 코로나 19로 인한 학생 일상 생활 변화

구분	일상 생활 변화
학습 활동	· 온라인 수업의 확대 · 다양한 교내외 프로그램 참여 중단 · 다각도의 학습 기회 중단 · 또래 간 상호학습 기회 상실
여가 · 놀이 활동	· 가족과 함께하는 시간 증가 · 학교와 공공기관에서의 다양한 활동 중단 · 과다한 TV 시청 및 스마트 기기 사용 · 개인적 여가활동 시간 증가
안전 · 행동	· 학교 및 보육시설의 폐쇄로 맞벌이 가구의 아이가 혼자서 방치 · 외출이 거의 없고 일부는 가출을 하기도 함

사회적 관계	· 부모의 무관심 혹은 잔소리 증가로 인한 가족 간 갈등 증가 · 교우 관계 축소 및 친구 사귀기의 어려움
개인 건강	· 일생 생활 불규칙(수면, 식사 등) · 외부활동 및 체육활동 제한으로 운동 부족 · 학교 급식 중단 · 감염병으로 인해 불안 증대 및 정신적 스트레스 누적
물리적 환경	· 학교, 도서관 등 학습을 위한 공간 이용 불가 · 원격 수업에 필요한 디지털 장비를 갖춘 학습공간 필요

출처 : 코로나 19 확산시기, 불리한 학생들의 경험에 대한 질적연구(한국교육개발원, 2020)

2) 교육 분야 변화에 따른 사회 문제

– 개요

- 코로나 19로 인한 교육 분야의 변화가 일상화되면서 관련된 교육 · 사회 문제 또한 심화되는 상황
- 교육의 질 감소 및 교육 격차 증가, 사회적 관계 단절, 돌봄 공백, 생활 습관 및 건강 문제 등과 관련한 사회 문제가 대표적으로 우려되고 있음

– 교육의 질 감소 및 교육 격차 증가

- 갑작스러운 온라인 수업 확대로 교사의 온라인 수업 준비가 미숙하고 수업이 일방향적으로 진행되는 경우가 많아 수업의 질이 떨어지는 경향이 나타남
- 실제로 초등학교를 대상으로 온라인 수업에 대한 흥미 여부를 분석한 결과 449명의 학생들 중 79.1%의 학생들이 흥미가 없다고 응답(이시효, 2020)
- 코로나 19 이후 디지털 인프라, 가정환경 차이, 개인의 자기주도 학습능력에 따라 교육 격차의 심화가 우려되고 있으며, 실제 교육격차 또한 커지고 있다는 인식 만연(OECD, 2020 ; 김경희, 2021)
- 2020년 6월 대입 수능 모의평가에서 중위권 규모가 줄고, 상위권과 하위권이 증가하는 학력 양극화 현상이 나타남(뉴시스, 2020)

- 사회적 관계 단절
  - 코로나 19로 힘든 점과 관련하여 청소년들은 사회적 거리두기로 인해 친구들과의 관계 단절을 가장 힘들다고 선택(한국청소년상담복지개발원, 2021)
  - 코로나 19 이후 가족과 함께 하는 시간이 증가한 비율은 75.1%로 증가했으며, 놀이/여가활동 시간이 증가한 비율은 30% 내외로 상대적으로 낮은 수준(김영란, 2020)
  - 한편 가족이 함께 있는 시간이 늘어났으나 놀이나 여가활동은 가족 구성원이 각자 따로 하고 있어 개인적 여가활동의 시간이 증가했다고 볼 수 있음(김영란, 2020)
  - 온라인 수업, 등교 지연이 장기화되면서 학생들의 불규칙한 생활습관, 컴퓨터 및 스마트폰의 사용 증가로 인한 학부모와 학생 간 갈등이 심화
  - 실제로 가족 내 갈등을 겪는 청소년 상담 건수는 코로나 전 대비 70% 증가(여성신문, 2020)

- 돌봄 공백
  - 개학 연기 및 학교 · 보육 기관 폐쇄에 따라 기존 양육방식에 변화 발생해 가정 내 돌봄 공백 발생(김주리 외, 2021)
  - 코로나 19 발생 이후 자녀 양육 가구의 소득과 근로시간은 줄고, 지출은 늘어났으며, 돌봄 공백을 경험했다는 가구가 3월 36.2% 7월 37.5%로 증가(최윤경, 2020)
  - 특히 학교의 돌봄 영역이 제한되면서 맞벌이 부부 및 사회적 저소득층의 보육에 대한 부담 가중(박미희, 2020)

- 생활 습관 및 건강 문제
  - 코로나 19로 인해 시작된 비대면 수업, 등교 지연으로 인해 학생들의 생활 전반에 걸쳐 영향을 끼치고 있음
  - 코로나 19가 학생의 교육에 미치는 영향에 관한 설문조사에 따르면 10명 중 6명이 자신의 생활 습관이 불규칙해졌다고 인식(한국교육신문, 2020)
  - 학교 서비스의 부재에 따른 급식 중단, 체육 · 실습수업의 부재로 인한 신체활동 감소 등 청소년들의 건강 문제 우려
  - 코로나 19로 인해 무기력하고 우울함을 느끼는 학생의 비율이 72.2%에 이르는 등

감염병으로 인해 학생들의 심리 정서적 건강 우려(경기도교육연구원, 2020)

- **따라서 학교 미운영, 비대면 수업 지속 등으로 인한 사회 문제를 해결하기 위해 '감염병으로부터 안전한 대응 방안을 갖춘 등교'의 필요성이 커짐**

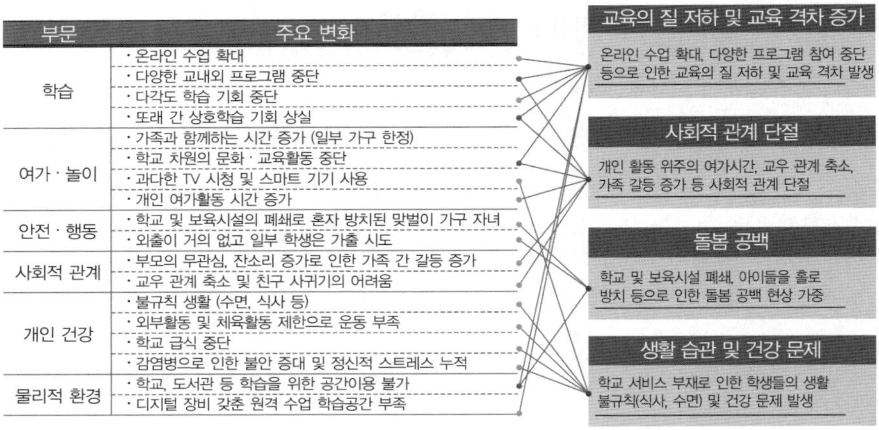

<그림 4-2> 교육 분야 변화에 따른 사회문제 종합

3) 감염병 상황에서 등교 수업의 필요성

- **교육적 기능**
  - 학교는 전통적으로 인류가 축적해 놓은 지식, 전통, 자산을 소재로 가르치고 배우는 활동을 하는 교육적인 공간임(양미경, 2014)
  - 그러나 코로나 19로 인해 교육의 질 저하, 학력 감소, 교육 격차 현상의 심화에 따른 교육적 기능 훼손
  - 등교 수업을 통해 학습효과를 증진하고, 교육 격차 현상을 해소하여 학교 공간에서의 교육적 기능을 회복할 필요성 대두

- **사회적 기능**
  - 학교는 학생들의 사회화 과정과 기본적 기능의 교육을 담당하고 사회 적응, 창조, 통합 등 여러 사회적 기능을 수행하고 있음(김민희, 2015)
  - 등교 활동이 제한되면서 교우 · 사제 관계 등 사회적 관계의 단절 현상과 그에 따른

공동체 의식의 저하 문제 발생

- 등교수업을 통한 공동체 생활을 통해 사회 가치관 공유 및 사회 적응의 장 마련 필요

– **돌봄 기능**

- 코로나 19를 겪으면서 학교가 단순히 교육을 위한 기관일 뿐만 아니라 학생들의 돌봄을 담당하는 기관이었음을 재인식(은기수, 2020)
- 등교 수업을 통해 학교 서비스(급식, 방과후 학교 등)를 정상적으로 제공하여 학교의 돌봄 기능 회복 필요

	교육적 기능	사회적 기능	돌봄 기능
목표	배움을 통한 잠재력 제고 및 자아 성정	공동체 생활을 통한 가치관 공유 및 사회 적응	돌봄이 필요한 학생에게 서비스 제공
문제점	· 온라인 수업으로 인한 교육의 질 저하 · 학생들의 학력 저하 및 교육 격차 현상 우려	· 교우 및 사제 관계, 사회 관계 단절 등 사회적 관계 단절 현상 초래 · 사회 관계 단절에 따른 공동체 의식 저하	· 학교 서비스(급식, 보육 등)의 부재로 인한 보육 문제 발생 · 맞벌이 부부 및 취약계층의 돌봄 공백 발생
등교 수업 필요성	등교 수업을 통한 학습효과 증진 및 교육 격차 현상 해소	등교 수업을 통한 사회적 관계 및 공동체 의식회복	학교의 돌봄 기능 정상화

<그림 4-3> 감염병 상황에서 등교 수업의 필요성

나. 감염병과 학교공간

1) 등교 전환을 위한 하드웨어적 대응방안의 필요성

– **감염병으로부터 안전한 전면 등교를 위한 조건**

- 감염병으로부터 안전한 전면 등교를 위해 하드웨어적 및 소프트웨어적 대응방안 필요
- **하드웨어적 대응방안 : '감염병 확산 방지에 기여 가능한 학교 공간 조성 설계 기준'**으로 감염병으로 인한 학교 취약요소 파악 및 제거, 감염병으로부터 안전한 학교 공간 설계 기준 및 건축공간적 대응방안 등이 해당
- **소프트웨어적 대응방안 : '효과적으로 감염병에 대응하기 위한 운영 방안 및 관련**

매뉴얼'로 등교 및 출결지침, 각종 학교행사 운영지침 등 감염병 상황 시 학교 운영 지침, 이상 증상자 출입 차단, 위생수칙교육, 소독 환기 강화 위생용품 배치 등이 해당

- 우리나라의 경우, 2021학년도 코로나 19 학교 대응 매뉴얼(서울특별시교육청, 2021), 학생 감염병 예방위기대응 매뉴얼(교육부, 2016) 등 소프트웨어적 대응방안은 비교적 구축되어 있으나 하드웨어적 접근방식 부재
- 따라서 감염병으로부터 안전한 전면 등교를 위해 하드웨어적 접근 방식을 통한 학교공간 감염병 취약요소 파악 및 제거, 건축공간적 대응방안 마련 필요

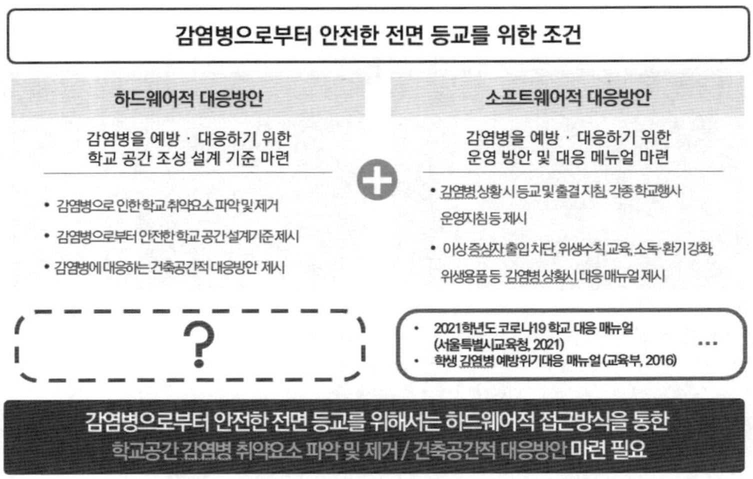

<그림 4-4> 등교 전환을 위해 필요한 하드웨어적 대응방안의 필요성 종합

2) 감염병 확산과 건축공간과의 관계

– 감염병의 확산에 취약한 실내 건축공간

- 감염병 항원은 실외보다 실내 건축 · 공간에서 더 쉽게 확산되며, 밀폐된 공간에서 공기 중 항원의 농도가 보다 높은 수준으로 유지됨(CDC, 2020)
- 코로나 19의 경우 집단감염이 대부분 실내에서 발생하였고, 실내 건축공간에서의 감염 확산 방지책이 하드웨어적 대응방안의 중요요소로 작용하고 있음(국토연구원, 2020)
- 건축공간적 특성이 실내공간 감염병 전파에 영향을 주기 때문에 감염병 확산과 밀접한 연관성을 지닌 건축 · 공간적 특성들을 살펴볼 필요가 있음

– **감염병 취약성에 미치는 영향을 미치는 건축공간적 특성**

- 감염병 확산과 연관성을 갖는 건축 · 공간적 특성을 살펴보면 '공간 이용 특성', '물리적 공간구조', '실내 환경 조건'으로 구분 가능

① **공간이용 특성** : 이용자가 공간을 사용하는 형태 및 방식과 관련이 있으며, 접촉빈도 · 거리유지 등 실내공간 내 교차감염에 영향 끼치는 특성 파악 필요

② **물리적 공간구조** : 공간 이용에 따른 실내환경, 이용행태 및 특성 등을 결정하며, 공간 내 감염병 확산의 흐름 및 강도에 영향을 끼침

③ **실내 환경 조건** : 위생 및 공기 질 수준을 향상할수록 에어로졸 형태의 항원을 차단하고 항원 생존을 억제할 수 있어 감염병 확산 방지에 기여 가능

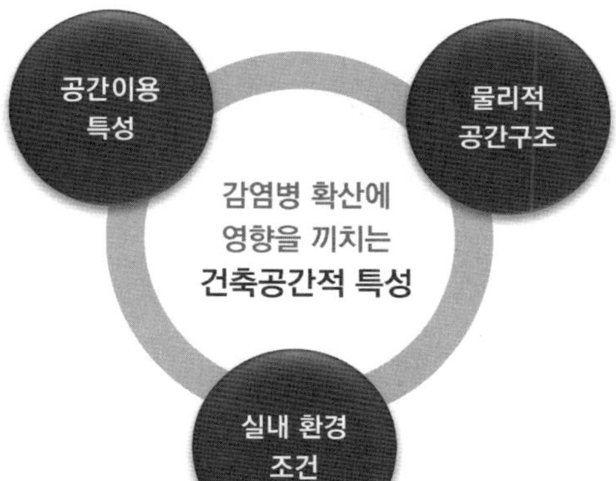

<그림 4-5> 감염병 확산에 영향을 끼치는 건축 · 공간적 특성

3) 공간이용 특성

– **밀도 및 혼잡**

- 직 · 간접 접촉이나 공기를 통해 전파되는 감염병의 경우, 많은 사람이 이용하는 실내 공간에서 감염 발생 빈도가 높음(국토연구원, 2020)
- 좁은 실내에 밀집하여 이용되는 공간일수록 직 · 간접 접촉 또는 공기 중 확산으로 인한 집단감염에 취약함

– **이용자 구성형태**

- 불특정 다수가 이용하는 공간일수록 감염병 확산 방지를 위한 통제가 어려움
- 다중이용시설 내 감염병 전파 시 다발적인 확산으로 이어지며 지역 · 광역적으로 퍼져나가 역학조사 시 어려움 초래함

– **다중 접촉 활동**

- 같은 공간 내에서 각종 설비, 장치, 도구 등을 공동으로 사용하거나 손으로 만지는 경우 항원에 오염된 표면접촉으로 인한 감염 위험이 증가함
- 표면접촉으로 인한 감염병 확산을 억제하기 위해 스위치 · 손잡이 등 불가피한 접촉이 발생하는 장치의 소독을 철저히 해야 함(김민석, 2020)

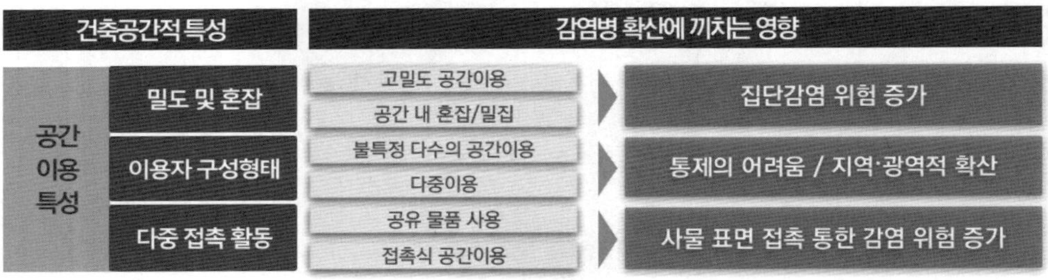

<그림 4-6> 건축공간적 특성이 감염병 확산에 끼치는 영향(공간이용특성 중심)

4) 물리적 공간구조

– **공간 배치**

- 실내공간에서 감염병 발생 시, 감염 위험에 노출된 구역의 공간적 분리를 통해 공간 간 감염병의 확산을 억제할 수 있음(Noa Pinter–Wollman, 2018)
- 실제로 병원시설에서는 교차감염을 방지하기 위한 공간 구획화(Zoning)를 통해 격리구역을 폐쇄하더라도 기타 구역은 차질 없이 운영하는 계획안을 적용해 공간 효율성을 제고함(최광석, 2019)

- **동선 배치**
  - 특정 출입구 및 이동통로를 다중 인원의 주요 동선으로 사용할 경우, 이동 인원 간 동선이 겹치면서 진 · 출입 혹은 이동 중 감염병이 확산될 가능성 증가
  - 층 내 이동은 물론 층간 이동에서도 지정 계단실 사용 등 동선 최소화를 통해 혼잡을 줄이는 등 적절한 수평 · 수직 동선계획을 통해 감염병 확산 방지 가능(전관섭, 2021)

- **완충 공간**
  - 녹지공간은 항원의 공간적 확산을 방지할 수 있는 완충 역할을 하는 동시에 사람들이 안전하게 활동할 수 있는 공간 제공(국토연구원, 2020)
  - 녹색 공간(green space)은 개방성이 확보된 공간이므로 매개 감염 위험이 낮으며 사회적 거리두기가 실내에 비해 용이하다는 장점도 있음

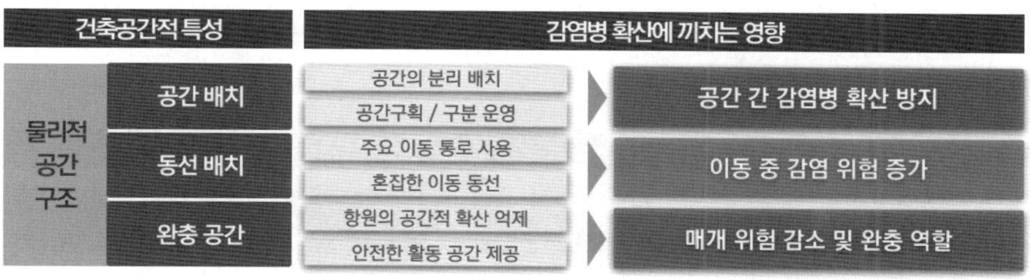

<그림 4-7> 건축공간적 특성이 감염병 확산에 끼치는 영향(물리적 공간구조 중심)

5) 실내환경 조건

- **위생 및 방역**
  - 건물 출입지점 및 핵심 이용공간 등 주요 지점에 위생설비를 배치하여 실내로 유입되는 감염병 경로를 초기에 차단할 수 있음(건축공간연구원, 2016)
  - 시설에 대한 정기적인 방역과 소독을 통해 표면에 남아있는 항원을 제거함으로써 표면접촉으로 인한 감염병 위험을 줄일 수 있음(CDC, 2020)
  - 열화상 카메라, 출입자 확인 기기 등 감염 여부 확인 및 이상 증상자 출입 통제를 생활화할수록 감염병의 확산을 방지할 수 있음

- **통풍 및 환기**
  - 감염병 대응을 위해 실내공간 내 깨끗한 공기 유입량을 늘려 공기 중 잠재적 오염원을 희석할 필요가 있으며, 이는 공기매개에 의한 감염병 위험을 감소시킴(노상태, 2020; CDC, 2020)
  - 한국건설기술연구원의 연구결과에 따르면, 실내 공간에서 한쪽 창문을 개방하는 것만으로도 공기 중 비말 입자의 고농도 영역을 절반 수준으로 낮출 수 있음(서울시, 2021)

- **온도 및 습도**
  - 실내온도를 20℃~24℃로 유지할 시 감염병 확산을 억제할 수 있음(Sadeq A Quraishi, 2020)
  - 습도의 경우, 실내공간에서의 항원의 생존을 억제하기 위해 RH40%~RH60% 수준의 비교습도 유지가 적합함(ASHRAE, 2019)

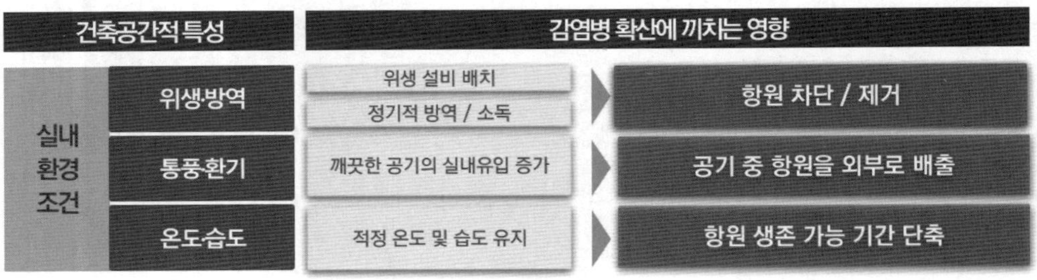

<그림 4-8> 건축공간적 특성이 감염병 확산에 끼치는 영향(실내환경 조건 중심)

- **감염병 확산과 건축공간과의 관계 종합**
  - 건축공간적 특성이 감염병 확산에 끼치는 영향을 종합하면 〈표 4-2〉와 같음

<표 4-2> 건축공간적 특성이 감염병 확산에 끼치는 영향 종합

건축 · 공간적 특성		감염병 확산에 끼치는 영향
공간이용 특성	밀도 및 혼잡	고밀도 공간 이용과 밀집된 공간 내 혼잡은 집단감염 위험성을 증가 시킴
	이용자 구성형태	불특정 다수가 이용하는 공간, 다중이용이 주로 이루어지는 공간은 감염병 대응을 위한 통제가 어려우며 감염병의 지역적 · 광역적 확산을 유발
	다중 접촉 활동	공동으로 물품 사용하는 행위 등은 표면접촉에 따른 감염 위험을 증가 시킴
물리적 공간구조	공간 배치	공간 분리 및 구획화(Zoning)를 통해 공간 간 감염병 확산을 방지할 수 있고, 감염병 상황 시 감염구역과 비감염구역 간의 구분적 이용을 도모함
	동선 배치	특정 출입구 또는 이동통로를 다중 인원의 주요 동선으로 사용하면 밀집 및 혼잡에 의한 감염병 확산 위험을 촉진함
	완충 공간	녹지공간 및 오픈스페이스 등을 감염병에 대응하는 완충 녹지로 활용할 수 있으며, 이는 항원의 공간적 확산 억제는 물론 이용자에게 안전한 활동공간을 제공함
실내환경 조건	위생 및 방역	건축공간 내 위생을 증진함으로써 초기에 항원 차단을 도모하고 방역과 소독을 통해 표면 위 항원을 제거할 수 있음
	통풍 및 환기	실내공간에서의 원활한 통풍 및 환기를 통해 깨끗한 공기의 지속적인 유입을 유도하면서 공기 중 항원을 외부로 배출함
	온도 및 습도	감염병 항원이 공기 중에서 생존하기 힘든 온도 · 습도 조건을 유지함으로써 감염병 확산 위험을 완화함

다. 감염병에 의한 학교공간 취약요소

– 감염병에 취약한 학교시설

- 학교시설에서 감염병 발생 시 학교 구성원간 감염 확산은 물론 지역 사회로의 감염병 전파, 감염 기간 동안 학교 운영 차질 등 각종 문제점으로 이어짐(Xiao et al., 2012)
- 교내 감염은 가족과 지인으로의 확산을 넘어 타 학교로의 N차 전파를 통해 지역 사회로 확산될 위험이 큼(Medical World, 2021)
- 2021년 4월, 코로나 19 사태로 인해 전국적으로 하루 평균 600명 이상의 확진자가 학교시설 내 집단감염으로 발생함(교육부, 2021)

– **학교공간 내 감염병 취약요소 파악 과정**

- 학교시설의 감염병 대응력을 검토하기 위해 감염병 확산에 영향을 끼치는 건축공간적 특성을 고려하여 기존 학교공간 · 시설이 지닌 감염병 취약요소를 파악할 필요성 존재
- 이때, 학교시설을 구성하는 공간의 종류와 기능 · 특성 · 성격 등에 대한 검토를 바탕으로 학교공간 · 시설의 감염병 취약요소 파악

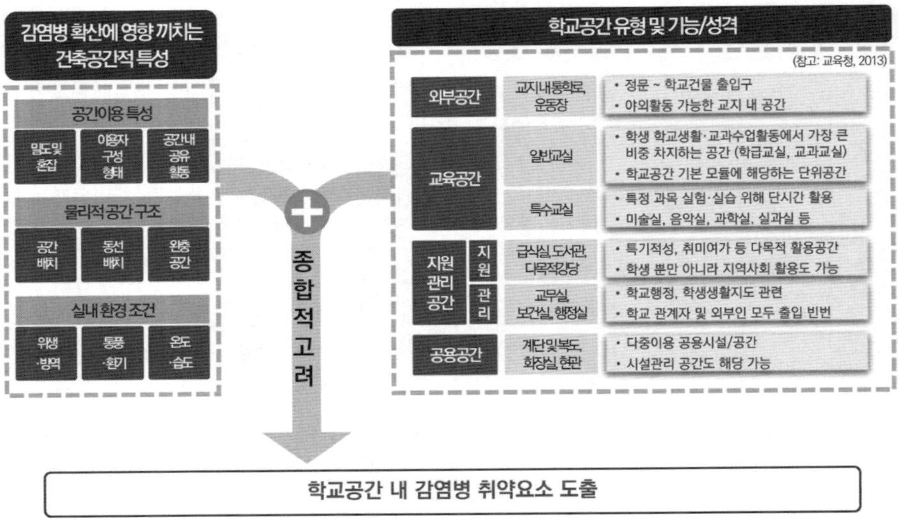

<그림 4-9> 학교공간 · 시설 내 감염병 취약요소 파악 과정

– **학교시설 내 유형별 공간**

- 학교시설을 구성하는 공간은 크게 외부공간, 교육공간, 지원관리공간, 공용공간으로 구분할 수 있으며, 각 공간별로 특정 기능과 성격을 지님(교육청, 2013)
- 학교시설의 종류에 따라 다양한 세부공간을 포함하고 있지만, 고등학교 이하의 학교시설에 공통적으로 포함되는 주요 세부공간은 아래 〈표 4-3〉과 같음

<표 4-3> 유형별 학교공간 종합 (참고: 교육청, 2013)

<table>
<tr><th colspan="2">유형별 학교공간</th><th>주요 세부공간</th><th>기능 및 성격</th></tr>
<tr><td colspan="2" rowspan="2">외부공간</td><td>교지 내 통학로</td><td rowspan="2">· 정문에서 학교 건물의 출입구까지의 통학로, 정원, 주차장 등이 확보된 공간
· 운동장, 옥상공간, 실외 놀이터를 포함해 야외활동이 가능한 교지 내 공간</td></tr>
<tr><td>운동장</td></tr>
<tr><td colspan="2" rowspan="2">교육공간</td><td>일반교실</td><td>· 학생들의 학교생활과 교과수업 활동에서 가장 큰 비중을 차지하고 있는 공간
· 학교건축의 기본모듈 설정을 결정하는 단위공간
· 학급교실, 교과교실 등이 해당</td></tr>
<tr><td>특수교실</td><td>· 특정 과목의 실험 · 실습 수업을 위한 공간
· 해당과목 수업의 실험 · 실습을 위해 단기간 머무르는 공간
· 미술실, 음악실, 과학실, 실과실 등이 해당</td></tr>
<tr><td rowspan="6">지원관리공간</td><td rowspan="3">지원 공간</td><td>급식실</td><td rowspan="3">· 일반교과 학습 활동 뿐 아니라 특기적성 활동, 취미여가 활동 등 다양한 목적으로 활용이 가능한 공간
· 학생 뿐 아니라 지역사회에서도 활용할 수 있는 특성을 지닌 공간</td></tr>
<tr><td>다목적강당</td></tr>
<tr><td>도서관</td></tr>
<tr><td rowspan="3">관리 공간</td><td>교무실</td><td rowspan="3">· 학교행정 업무와 학생생활지도와 관련된 각종 공간
· 학교 내외부인에게 모두 관련성이 많은 공간</td></tr>
<tr><td>보건실</td></tr>
<tr><td>행정실</td></tr>
<tr><td colspan="2" rowspan="3">공용공간</td><td>계단 및 복도</td><td rowspan="3">· 계단, 복도, 화장실, 엘리베이터 등 공용부분에 관한 공간
· 관리실, 기계전기실, 창고 등의 시설관리 부분에 대한 공간들도 해당</td></tr>
<tr><td>화장실</td></tr>
<tr><td>현관</td></tr>
</table>

1) 전반적인 학교공간에 대한 감염병 취약요소

– 감염병 확산 위험에 취약한 학교 배치

- 학교의 배치 형태는 감염병 확산 방지에 적합한 동선 분리 및 이동 경로 설정 가능 여부에 영향을 끼침
- '일자형', 'ㄱ자형' 등 선형이나 집중형으로 배치된 학교의 경우 감염병 확산 방지를 위한 동선 분리 및 이동 경로 통제에 어려움이 있음

– **구분적인 공간이용 및 통제가 불리한 학교 공간구조**

- 공간을 구획화하기 힘든 형태로 구성된 학교시설의 경우 특정 공간에서 감염병 발생 시 구분적 공간 폐쇄 및 통제에 어려움 존재
- 실제로 코로나 19 대응 과정에서 학교 내 감염자가 발생하고 실내 동선 통제에 실패한 후 학교 전체가 폐쇄되는 사례가 다수 발생함(세종포스트, 2021)

– **불충분한 교내 온 · 습도 기준**

- 현행 학교보건법 시행규칙상 학교시설에 대한 온 · 습도 조절 기준은 각각 18℃~28℃(온도)와 RH30%~RH80%(비교습도)로 적용됨
- 실내공간에서의 항원 억제를 위한 적정 온 · 습도 수준(각각 20℃~24℃, RH40%~RH60%)에 현행법 기준은 다소 불충분한 것으로 파악됨

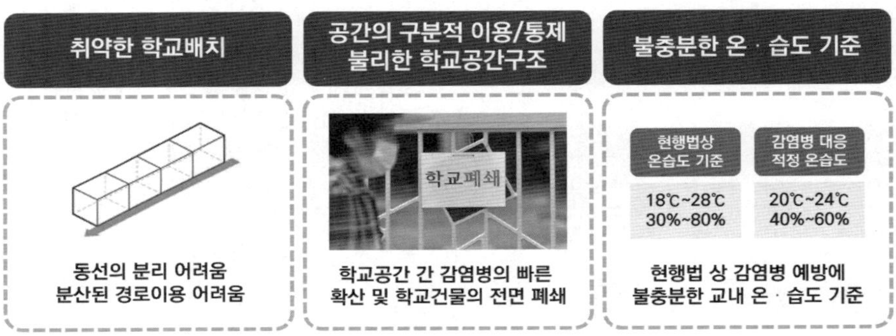

<그림 4-10> 전반적인 학교공간에 대한 감염병 취약요소 1

(중 : ©중앙일보)

– **감염병 제거에 불충분한 공기정화기계(필터) 규격 기준**

- 교육부에서는 신설 학교를 대상으로 미세먼지 제거를 목적으로 하는 MERV12~15 규격의 공기정화장치 설치를 제시하고 있지만, 이는 단순 권장 수준에 그침
- 하버드 보건대학의 연구는 최소 MERV13 이상의 공기정화 기계를 사용해야 공기 중 감염병 항원을 효율적으로 필터링할 수 있다고 명시(Harvard T.H. Chan, 2021)

– **한정된 교내 위생 · 방역 설비**

- 소독, 방역, 개인위생 증진 조치 등은 감염병의 확산을 늦추며 학교시설 이용자를

보호하기 위해 기본적으로 취해야 하는 일상적인 조치임(CDC, 2020)

- 코로나 19 이후 학교시설에 손소독제 등 간이 위생용품을 비치하여 위생증진을 도모하지만, 이는 소독 과정에서의 접촉 및 표면 감염 위험을 유발하는 요소로도 작용
- 급식실, 화장실, 교실 등 주요 다중이용 공간의 경우 감염병에 더욱 취약한 만큼 세면대, UV손건조기 등 위생 전용 설비를 통해 위생 기능을 강화할 필요성 또한 존재

– 한계적인 건강 이상 증상자 선별 시스템

- 코로나 19 발생 이후 체온측정기, 열화상카메라 등 이상 증상자를 선별하기 위한 설비가 도입되었지만, 건물의 주요 출입구에서만 국한되어 사용되는 경우가 많았음
- 따라서 건물 진 · 출입 시에만 건강 상태를 측정하게 되므로 등교 후 일과 시간에 건강 이상 증세가 시작된 학생을 파악해 내는데 어려움이 존재하기도 함
- 또한 설비의 결함이나 오작동 등으로 건강 이상자를 선별하지 못하는 경우가 발생하기도 하며, 이는 교내 감염병 확산으로 이어질 수 있음(중앙일보, 2020)

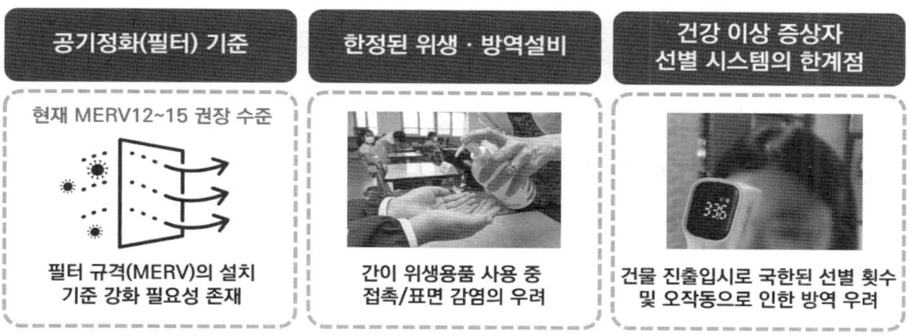

<그림 4-11> 전반적인 학교공간에 대한 감염병 취약요소 2

(중 : ©중부매일, 우 : ©경기신문)

2) 외부공간에서의 감염병 취약요소

– 등 · 하교 시 통학로에서 발생하는 동선 혼잡 발생

- 등 · 하교 시간에 모든 학생들이 같은 동선(교지 내 주요 통학로)을 따라 이동하면서 일시적인 혼잡이 발생함
- 등교 시간에 집중적인 체온 측정, 손 소독 등이 이뤄지면서 통학로 내 대기하는 시간이 증가하게 됨

– **하교 시간 중 학부모 대기로 인한 혼잡 발생**

- 하교 시간 전후로 교문 앞에서 학생들을 기다리는 학부모들 간 밀집 · 혼잡이 발생함
- 학부모 대기 과정에서 감염 발생 및 확산이 일어날 경우, 실질적 역학조사가 어렵고 순식간에 지역 단위 감염으로 이어질 가능성 또한 상당함

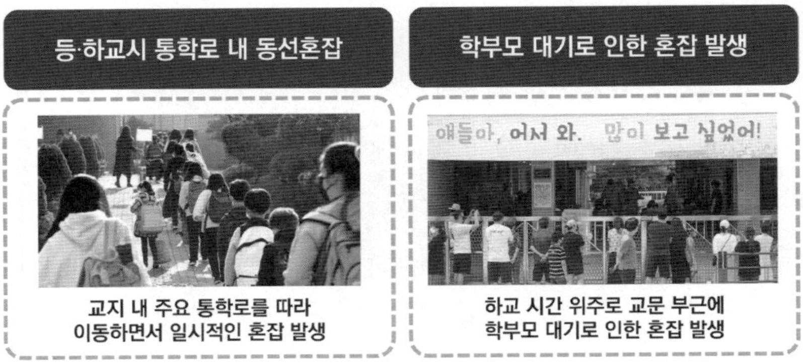

<그림 4-12> 외부공간에서의 감염병 취약요소

(좌 : ©중앙일보, 우 : ©머니투데이)

3) 교육공간에서의 감염병 취약요소

– **좁은 교실공간 내 높은 수준의 학급 밀도**

- 교실공간은 학생들이 일과시간 중 가장 오랜 시간 지내는 공간인 만큼, 감염병 대응을 위해 교실 공간에서의 낮은 밀도 유지가 필요함
- 통상적인 교실 내에 사물함과 교육기 자재, 교탁 등 기타 가구들을 제외하면 1인당 차지하는 면적이 1.5~2㎡에 달할 정도로 교실 내 밀도가 높은 수준의 학급이 많이 존재함(뉴시스, 2020)
- 전국교직원노동조합의 조사결과에 따르면, 전국 초 · 중 · 고교 교사 5,984명 중 89.98%에 해당하는 교사가 코로나 19 상황에서 자신이 담당하고 있는 학급의 수가 과밀이라고 응답한 바 있음(한겨레, 2021)

– **안전거리 확보가 어려운 교실공간**

- 학교시설 · 설비 기준령에 의하면, 교실의 기준 면적은 66㎡이며 2m의 안전거리 확보를

준수하기 위한 학급당 학생 수는 16명 정도로 유지되어야 함(경향신문, 2021)

- 한국교육개발원의 교육통계서비스에 의하면, 2020년 4월 기준 국내 학급당 학생 수는 초등학교 21.8명, 중학교 25.2명, 고등학교 23.4명 수준임(한국교육개발원, 2020)
- 코로나 19로 인한 학교시설 내 안전한 거리두기가 시행됨에 따라 교실공간이 부족하여 일부 학생들이 복도에서 수업을 듣거나 학급이 절반으로 분리되어 화상 및 대면 수업을 병행하는 사례가 발생하였음(한겨레, 2020)

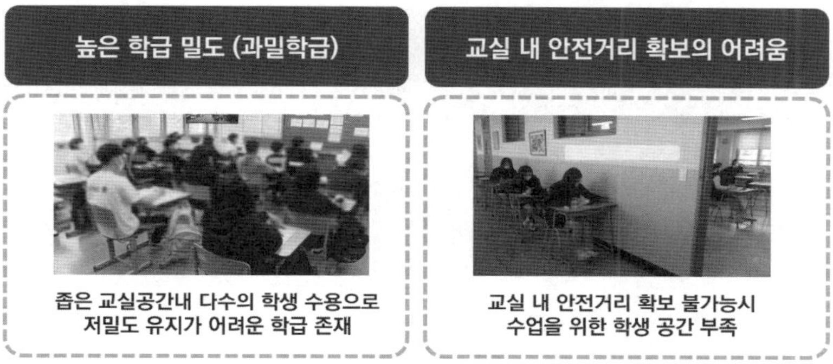

<그림 4-13> 교육공간에서의 감염병 취약요소 1

(좌 : ©연합뉴스, 우 : ©서울신문)

– **비상시 원격 수업 전환을 위한 스마트 기기 및 인프라의 부족**
  - 코로나 19로 인한 장기간 휴교에 대응하기 위한 원격 수업 진행방식이 도입되었으나 고사양의 스마트 기기, 고속 인터넷 통신망 등 수업 진행에 필요한 인프라가 미비한 학교들이 여러 문제를 겪었음(EDUJIN, 2020)
  - 한국정보화진흥원의 분석 결과, 전국 9,120개 초·중고등학교에서 디지털 교과서를 원활하게 사용할 수 있는 무선인프라를 갖춘 교실은 학교당 평균 2.3개에 불과하였음(한국정보화진흥원, 2020)
  - 교사노동조합연맹, 실천교육교사모임, 좋은교육운동의 교원단체 소속 교사 4,118명을 대상으로 설문한 결과 응답자의 60.3%가 화상 기자재를 학교 또는 교육청에서 충분히 제공받지 못하고 있다고 응답함(서울신문, 2020)

- **학급 간 공동사용으로 인한 특별교실 내 감염병 전파 우려**
  - 음악실, 과학실험실, 미술실과 같은 특별교실의 경우 여러 학급이 정해진 시간대에 따라 교대 사용하게 됨
  - 특별교실 내 감염병 발생 시, 학급 내 확산을 넘어 학급 간 확산 위험을 초래하므로 감염병이 학교 전체로 확산될 위험이 존재함
  - 또한 악기, 실험기구 등 특별교실에서 공동으로 물품을 사용하게 되므로 표면접촉에 의한 감염 위험이 증가함

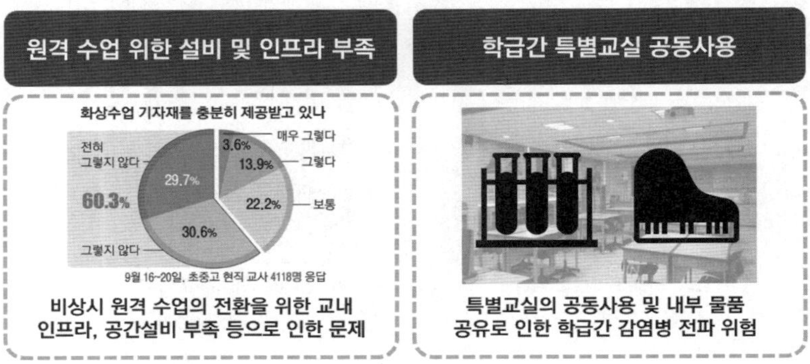

<그림 4-14> 교육공간에서의 감염병 취약요소 2

(좌 : ©서울신문, 우 : ©엠뉴스)

4) 지원·관리공간에서의 감염병 취약요소

- **식사 중 감염병 노출 위험이 높은 급식실**
  - 급식실은 다수 학생이 한 공간에 모여 식사를 하는 장소이므로 철저한 대응방안이 마련되지 않는다면 감염 위험에 대한 노출이 심각한 공간임
  - 급식실에서 감염병이 발생 시 집단 전파로 이어질 가능성이 큼(대한급식신문, 2020)

- **교내 격리공간의 부족**
  - 교내에서 감염된 것으로 의심 · 판단되는 인원은 추가 진단 혹은 조치가 취해지기 전까지 타인과의 접촉을 피할 수 있는 보건실 외 지정된 별도 공간으로 즉각 격리되어야 함(교육부, 2016)

- 코로나 19 이후 많은 학교에서 감염병 의심 증상자를 위한 격리공간을 임시로 마련해 사용 중이지만 위생 · 방역 · 음압 설비 등 감염병 대응에 적합한 전용 격리공간은 마련되어 있지 않음

– 외부인의 방문이 잦은 지원 · 관리공간

- 교무실, 행정실 등과 같이 다양한 외부인이 방문하게 되는 지원 · 관리공간의 경우, 외부인을 통한 감염병의 유입 가능성이 증가함
- 실제로 이용자 간 동선 중복 · 혼선 등 외부 방문객에 의한 교내 감염병 확산 및 역학조사의 어려움에 대한 우려가 증가한 바 있으며, 이는 학교시설 내 외부인 출입 통제 조치로 이어졌음(강원도민일보, 2020)

<그림 4-15> 지원 · 관리공간에서의 감염병 취약요소 1

(좌 : ©한국일보, 중 : ©뉴스핌, 우 : ©이엠디)

– 의심 증상자로 인해 감염병 노출이 심한 보건실

- 보건실은 교내 감염 의심 증상자가 진단 · 조치를 받기 위해 방문하는 공간이며, 특히 감염병 상황 시에는 발열 등 조금의 이상 증상이 있는 경우에도 학생들의 방문 횟수가 증가함(전은경, 2018)
- 따라서 보건실은 감염병에 대한 노출 위험이 높은 공간이며 보건실에서의 위생 · 방역이 미흡할 시 교내 감염병의 확산을 초래하는 취약공간이 될 수 있음
- 또한, 감염병으로 판단되는 인원에 대한 후속 조치 과정에서 감염자가 학교 내 이동하는 동선(예 : 확진 판정 학생의 하교 동선)에 의한 확산 위험 또한 존재함(교육부, 2016)

교무실 내 감염병 발생 시 여러 학급으로의 전파확대 우려 존재

- 대부분의 교무실은 교사 간 책상거리가 80~90cm 정도로 근접 배치된 상태이고 비좁은 공간 내 밀집도 높은 이용양상으로 인해 비말 전염 위험성이 높음(위키리크스한국, 2020)
- 교무실에서의 감염병 발생 시 '제2의 집단 감염지'가 될 가능성이 있으며, 나아가 교사 간 전파를 통해 다수의 학급으로 감염병 확산이 확대될 위험이 존재함

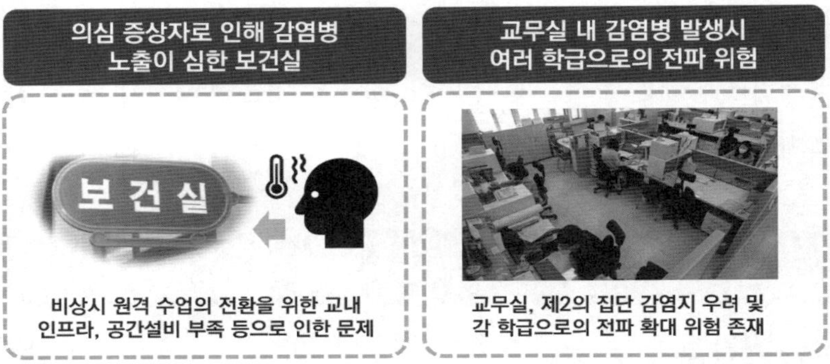

<그림 4-16> 지원 · 관리공간에서의 감염병 취약요소 2

(좌 : ©에듀인, 우 : ©네이트뉴스)

5) 공용공간에서의 감염병 취약요소

- **주출입구 및 주요동선 공동사용으로 인한 다중접촉 위험**
  - 학생, 교직원, 외부인 등 다양한 이용자들이 주출입구를 공동사용하면서 발생하는 다중접촉으로 인해 출입 과정에서의 감염병 확산 위험이 존재함
  - 현관, 계단, 복도 등 쉬는 시간에 학생들이 빈번히 이용하는 학교 공간에서 감염병 확진자와의 동선이 겹치는 경우 감염병이 전파되는 사례가 발생함(MBC, 2020)

- **체온 측정 중 대기로 인한 혼잡 발생**
  - 코로나 19 발생 이후, 발열 증상자 선별을 위해 모든 학교가 교내 현관 출입구에서 출입자를 대상으로 한 체온검사를 실시하였음(연합뉴스, 2021)

- 하지만 다수 인원을 검사하기 위한 대기가 길어질 경우, 안전거리 유지 미숙, 타인과의 접촉 등 문제로 인해 감염 위험 가능성이 증가할 수 있음(Daily Medi, 2020)

– 사물 접촉, 양치 등 감염병 노출 위험이 높은 화장실

- 학교의 특성상 화장실은 동일 시간대(쉬는 시간)에 다수의 학생이 이용하게 되는 공간이므로 감염병 위험에 많이 노출되어 있는 공간 중 하나임
- 화장실 내 손잡이, 변기, 세면대, 수도꼭지 등 접촉을 통한 공간사용이 이루어지므로 접촉을 통한 감염병 전파에도 취약함(서울경제, 2021)
- 또한 학생들이 화장실에서 양치하는 시간대의 경우 마스크 등 개인위생 용품의 착용이 어려우므로 비말감염에 의한 전파 위험이 높음(헬스조선, 2020)

<그림 4-17> 공용공간에서의 감염병 취약요소

(좌 : ©한국일보, 중 : ©서산시대, 우 : ©서울시)

– 종합

- 유형별 학교공간 검토를 토대로 전반적 학교공간, 외부공간, 교육공간, 지원 · 관리공간, 공용공간의 5가지 학교공간 유형에 대한 감염병 취약요소 파악
- 학교공간 내 감염병 취약요소 종합은 〈그림 4-18〉과 같음

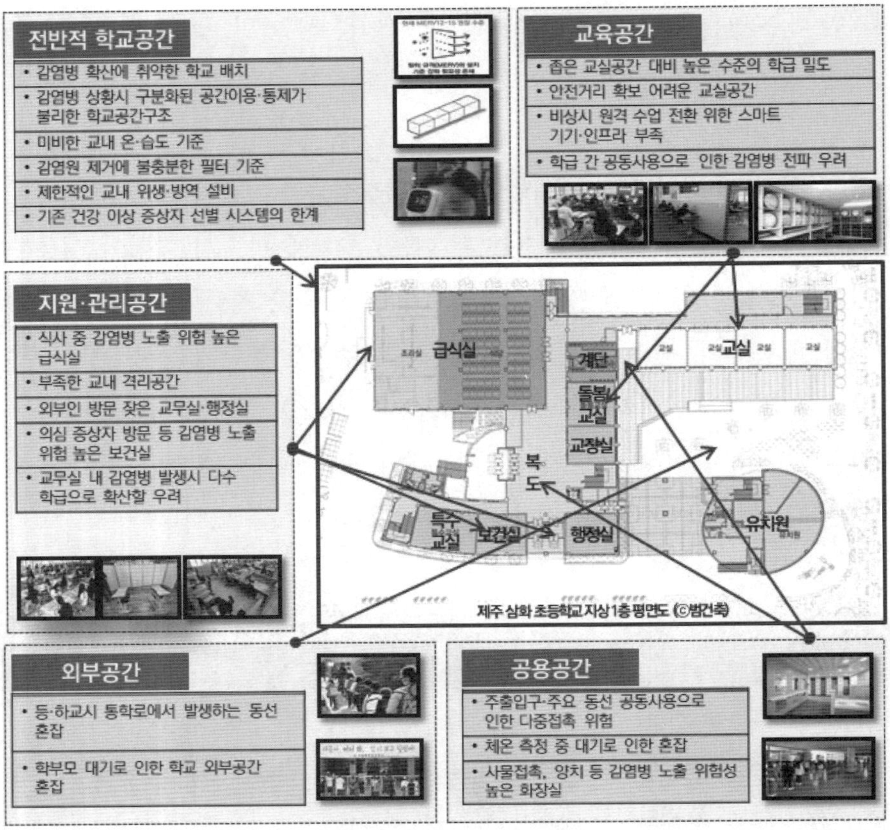

<그림 4-18> 학교공간 내 감염병 취약요소 종합

02 학교시설 관련 지침분석 및 적용방안

가. 분석의 틀

– 분석의 틀 설정

- 국내외 학교시설 관련 감염병 대응 지침이 코로나 19를 비롯한 감염병 상황에 효과적으로 대응 가능한지 검토할 수 있는 공통된 분석의 틀 필요
- 국제적으로 공인된 기관 · 단체에서 수립한 학교시설 관련 감염병 대응 기준 · 항목을 토대로 국내외 자료를 비교 · 분석하는 것에 초점
- 따라서 〈표 4-4〉에서 정리한 WHO · UNICEF 등의 학교시설 관련 감염병 대응 지침의 기준 · 항목에 기초하여 대응 지침분석의 틀 설정

<표 4-4> WHO · UNICEF 등에서 제시한 학교시설 관련 감염병 대응 지침

학교시설 관련 감염병 대응 지침	연도	주관
Framework for reopening schools	2020.6.	UNICEF · WHO 외
Considerations for school-related public health measures in the context of COVID-19	2020.9.	UNICEF · World Bank 외
Checklist to support schools re-opening and preparation for COVID-19 resurgences or similar public health crises	2020.11.	WHO

- 〈표 4-4〉에서 정리한 대응 지침은 주로 감염병 상황에서 문제없이 학교를 재운영(school reopening)하는 것을 목표로 함
- 즉 학교별로 적절한 감염병 대응책 마련, 학교 재운영 후 일상적인 감염 예방책 실천,

실제 감염 상황 발생 시 효과적인 확산 방지책 적용 등이 가능한지 사전 평가해 학교 재운영을 결정하는데 활용 가능한 대응 지침임

- 해당 대응 지침의 주요 내용을 토대로 학교 재운영에 필요한 기준 · 항목을 도출해 국내외 학교시설 관련 감염병 대응 지침을 분석하는 것에 초점

– **지침별 주요 내용**

- Considerations for school–related public health measures in the context of COVID–19(UNICEF · World Bank 외, 2020), Checklist to support schools re–opening and preparation for COVID–19 resurgences or similar public health crises(WHO, 2020) 등에서는 학교 재운영에 필요한 주요 감염병 대응 지침으로 〈표 4–5〉의 내용을 강조함

<표 4-5> 주요 감염병 대응 지침 (UNICEF · World Bank 외, 2020)

감염병 대응 지침	세부 내용
손씻기 및 호흡기 관련 위생 지침	일상 속에서 손씻기 강조하는 학교생활 등
물리적 거리두기	교실 외 · 내부간, 이용자 그룹간 거리두기 등
마스크 착용하기	연령별 마스크 착용지침 등
위생 · 환기	자연 환기 우선, 기계 환기 기준/점검 등
이상 증상 환자에 대한 격리 절차 준수	이상 증상 수준, 감염 확산 정도 등 고려

- Framework for reopening schools(UNICEF · WHO 외, 2020)에서는 학교 재운영을 위한 3단계 진행 과정을 〈그림 4–19〉와 같이 명시함
- '재운영 사전 작업'은 감염 확산 방지책 운영에 필요한 지침 개발에, '재운영 준비 과정'은 교육 방식, 설비 제공 등이 차질 없이 마련되도록, '학교 재운영 중'에는 감염 전염 · 예방 관련 교육과 각종 대응책이 지속적으로 이루어지는데 집중함

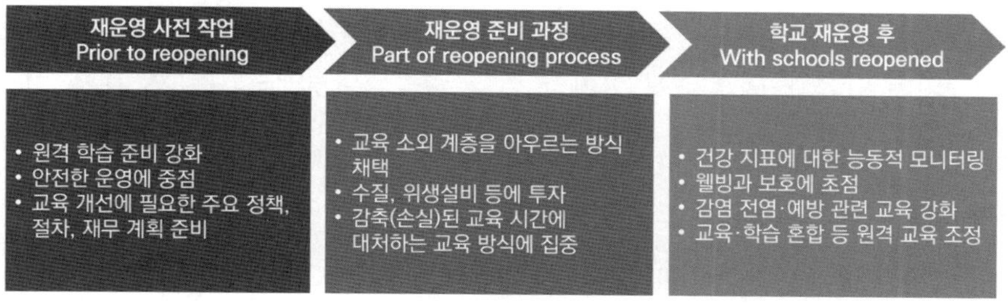

<그림 4-19> 재운영 3단계 진행 과정 (©UNICEF · WHO외, 2020)

- 한편, Checklist to support schools re-opening and preparation for COVID-19 resurgences or similar public health crises(WHO, 2020)에서는 학교 재운영과 관련해 국가(national), 지자체(subnational), 학교(school)별로 역할을 구분하되 상호 협력과 모니터링 및 평가 과정이 이뤄져야 한다고 이야기함
- 국가, 지자체, 학교별 중점사항과 주요 대응 지침은 〈그림 4-20〉 및 〈표 4-6〉와 같음

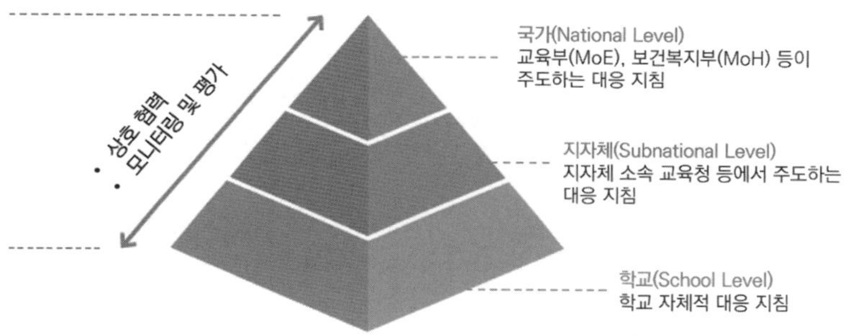

<그림 4-20> 재운영시 국가, 지자체, 학교별 중점사항 (©WHO, 2020)

<표 4-6> 학교 재운영시 국가, 지자체, 학교별 주요 감염병 대응 지침 (©WHO, 2020)

감염병 대응 지침	국가	지자체	학교
손씻기 및 호흡기 관련 위생 지침	지침 마련	지침 마련, 물품 제공	구체적 지침 · 교육 제공
물리적 거리두기	지침 마련	지침 마련	구체적 지침 마련
마스크 착용하기	지침 마련, 물품 제공	지침 마련, 물품 제공	구체적 지침 · 교육 제공
위생 · 환기	지침 마련	지침 마련, 물품 제공	구체적 지침 · 관리
이상 증상 환자에 대한 격리 절차 준수	지침 마련	지침 마련, 연계 체계 구축	구체적 지침 마련

– **분석의 틀**

- '대응 지침별 주요 내용'에서 파악한 기준 · 항목을 토대로 국내외 대응 지침 사례를 분석하는 틀을 〈표 4-7〉과 같이 설정
- 분석의 틀은 '학교 재운영 3단계 진행 과정'〈그림 4-20〉의 항목에 포함된 '주요 감염병 대응 지침'〈표 4-7〉 관련 내용을 파악 및 정리하여 구성한 뒤, 해당 내용이 국내외 대응 지침 사례에 적절히 다뤄지고 있는지를 중점적으로 분석
- 이때, 국내외 대응 지침 사례를 작성한 주관부서가 국가, 지자체, 개별 학교인지에 따라 발생하는 차이를 감안해야 함(그림 하단의 국가, 지자체, 학교 간 주요 감염병 대응 지침 차이 참고)

<표 4-7> 국내외 대응 지침 사례 분석의 틀

감염병 대응 지침	재운영 사전 작업	재운영 준비 과정	학교 재운영 후
위생 지침	· 구체적인 위생 지침 개발	· 손 씻는 장소, 위생용품 등을 손쉽게 이용하도록 조치 · 손 씻기 및 호흡기 관련 위생 지침 홍보	· 손 소독제(위생 설비) 사용 권장 · 모든 사용자가 위생용품 및 청결한 서비스를 이용하도록 적절한 안내 시스템 적용
물리적 거리두기	· 명확하고 이해하기 쉬운 거리두기 지침 개발	-	· 거리두기 고려한 유연한 수업 운영
마스크 착용하기	-	-	· 적절한 마스크 사용의 중요성 강조
위생 · 환기	· 수질, 위생 설비, 청결한 환경 등에 대한 신속한 투자	· 필수적 위생 · 환기 서비스가 안전하게 제공되는지 재확인	-
격리 절차 준수	-	· 이상 증상 인원을 일시적으로 분리 가능한 공간 확보	· 명확하고 간결한 감염병 정보 공유 시스템 운영

나. 국내외 지침분석

– 선정 기준

- 감염병 발생으로 인한 학교 기능 · 역할 저하를 방지하고, 학생 감염병 예방 및 대응과 관련된 사항들을 중점적으로 다룬 사례들을 선정
- 국가 정부, 지자체 관련 부처, 전문 학회 · 협회 등에서 발간한 자료를 중심으로 선정
- 학교시설에 직접 적용 · 운영하는 것을 목표로 작성된 구체적 특화설계나 지침을 중심으로 선정

– 선정 지침 사례 개요

- 국내의 경우 ① 교육부 차원의 감염병 매뉴얼, ② 학교시설과 관련된 코로나 19 방역 및 대응 매뉴얼을 중점적으로 선정해 분석
- 해외의 경우 ① 국가 정부 차원의 특화설계, ② 전문 학회 · 협회 · 연구단체 등에서 제시한 학교시설 관련 지침을 중점적으로 선정해 분석
- 선정한 국내외 대응 지침은 〈표 4-8〉과 같음

<표 4-8> 국내외 대응 지침 사례 선정

국내외	대응 지침 사례	연도	주관
국내	학생 감염병 예방위기대응 매뉴얼	2016	교육부
	2021학년도 코로나 19 학교 대응 매뉴얼	2021	서울특별시교육청
	유 · 초 · 중등 및 특수학교 코로나 19 감염예방 관리 안내	2021	교육부 외
	코로나 19 관련 학교 방역 기본 대책	2021	서울특별시교육청
해외	Back to School Facilities Toolkit	2020	Brooklyn Lab
	COVID-19: Guidance for School Reopening	2020	SickKids
	Strategies for Safer Schools	2020	AIA
	ED COVID-19 Handbook	2021	미국 교육부

▶ 국내

– 학생 감염병 예방위기대응 매뉴얼(2016, 교육부)

- 학교 내 감염병 유행 확산을 방지하기 위한 체계적 대응책 제시를 목적으로 작성됨

- 학교 내 감염병 발생 대응단계는 감염병 발생 상황에 따라 '유증상자 발견', '교내 감염병 유형 의심 여부 확인', '학교 내 유행 확산 차단'의 3단계로 구분해 대응
- 주된 내용은 학교(보건실) – 관할 보건소 – 상위 교육행정기관(시 · 도 교육청, 교육부)이 상호 연계되는 감시 · 협조체계의 구축과 각 주체별 역할과 관련됨
- 전반적으로 감염병 유증상자의 신속한 격리 · 차단에 초점을 맞추며, 유증상자의 경우 마스크 착용이 필요한 상태인지 확인할 것을 명시함
- 소독 지침, 방역물품(마스크 포함) 보관 등에 대한 내용을 부록에 기술함

– **분석 결과**
- 감염병 발생 수준별로 학교, 지역 사회, 교육행정기관이 함께 협력해 어떻게 감염병 유행 확산을 조기에 차단할지와 관련된 절차 및 대응조직 구성에 집중
- 학교 재운영에 필요한 주요 감염병 대응 지침, 학교공간 · 시설 차원의 대응책 등과 직접적으로 관련된 내용은 상대적으로 부족한 것으로 파악됨

<표 4-9> 학생 감염병 예방위기대응 매뉴얼 분석 결과

	재운영 사전 작업	재운영 준비 과정	학교 재운영 후
위생 지침	-	· 손 씻기 방법 홍보자료	-
물리적 거리두기	-	-	-
마스크 착용하기	-	· 마스크 착용 교육자료 · 방역물품(마스크) 보관	· 감염병 유증상자의 마스크 착용 강조
위생 · 환기	· 소독 지침 명시	-	-
격리 절차 준수	-	-	· 감염병 관리체계 구축 (감시 · 협조 등)

– **유 · 초 · 중등 및 특수학교 코로나 19 감염예방 관리 안내(2021, 교육부 외), 코로나 19 관련 학교 방역 기본 대책(2021, 서울특별시교육청)**
- 등교수업 이후 코로나 19 예방 및 관리를 위한 각급 학교의 학생 및 교직원 관리 기준 마련에 초점
- 기본원칙으로 코로나 19 임상증상을 확인해 의심 증상자 조기 발견, 등교 중지 등의

방법으로 감염 전파 및 확산을 방지하는데 중점

- 위생수칙 교육 · 홍보, 등교 시 발열검사 의무화, 창문 수시 개방 통한 환기 등 소독 · 환기 강화, 손 세척제 등 위생용품 비치, 방역물품 확보, 의심 증상자 대기 위한 별도 공간 마련 등 감염 예방 및 확산 방지에 필요한 여러 대응책 제시
- 등교 전, 등교 시, 수업 중, 학교급식 운영 등 평상시 학교생활에서 필요한 대응책을 종류별로 제시(발열검사, 방역 강화, 건강관리 등)

– **분석 결과**

- 발열검사, 학생 이동 동선, 학교 소독 강화 방안, 환기 수칙 등 학교 재운영에 필요한 주요 감염병 대응 지침과 연계되는 내용 제시
- 학교 전반적 차원에서 필요한 대안 마련에 충실하지만, 외부공간 · 교실 · 교무실 · 현관 등 유형별 학교 공간마다 적용 가능한 맞춤형 대응책 제시는 상대적으로 미흡함

<표 4-10> 유 · 초 · 중등 및 특수학교 코로나 19 감염예방 관리 안내 및 코로나 19 관련 학교 방역 기본 대책 분석 결과

대응 지침	재운영 사전 작업	재운영 준비 과정	학교 재운영 후
위생 지침	-	· 위생 방역물품 비치 · 사용 홍보	· 각종 위생수칙 게시 · 위생 설비 사용 강조 · 건강 관련 정보 제공
물리적 거리두기	-	· 등교 시간 혼잡 최소화 방안 마련	· 최대한 거리 유지 가능한 책상 배치
마스크 착용하기	-	· 마스크 등 방역물품 확보	· 마스크 사용 강조
위생 · 환기	· 학교 공간 소독 지침 · 환기 수칙 마련	-	· 창문 통한 수시 개방 환기 (쉬는 시간마다)
격리 절차 준수	· 코로나 19 대응 요령 교육	· 의심 증상자 별도 공간 마련	-

– **2021학년도 코로나 19 학교 대응 매뉴얼(2021, 서울특별시교육청)**

- 코로나 19 발생 보고 및 수업일 조정 · 운영 체계 등 감염병 상황에서 학교가 수행해야 할 운영 방침을 중점적으로 서술
- 코로나 19 상황에서도 유치원, 초등학교, 중등학교, 특수학교 등의 학사 운영 과정이

차질 없이 이루어지도록 함

- 방역 관련 대책으로는 이상 증상자 출입 차단, 위생수칙 교육 · 홍보, 소독 및 환기 강화, 위생 설비 및 방역물품 확보에 주목

– **분석 결과**

- 수준별 감염병 상황마다 준수해야 할 등교 원칙, 출결 지침, 각종 학교행사 운영지침 등 제시
- 비물리적 학교 운영방안에 중점을 둔 만큼 학교 공간 · 시설 차원의 적극적 대응책은 상대적으로 부족한 상황

<표 4-11> 2021학년도 코로나 19 학교 대응 매뉴얼 분석 결과

대응 지침	재운영 사전 작업	재운영 준비 과정	학교 재운영 후
위생 지침	-	· 위생 방역물품 비치 · 사용 홍보	· 각종 위생수칙 관련 교육 실시 · 위생설비 사용 강조
물리적 거리두기	-	· 원격교육 인프라 통한 간접적 거리두기 방안	· 학생 밀집 시설 재구조화 통한 거리두기
마스크 착용하기	-	· 마스크 등 방역물품 확보	· 학생 및 강사 마스크 착용 필수
위생 · 환기	· 학교 공간 소독 지침 · 환기 수칙 마련	-	· 가급적 외부 공기로 환기 · 냉난방기 사용한 환기 주의 · 시설 설비 점검 및 소독 실시 강화
격리 절차 준수	· 코로나 19 대응 요령 교육	-	· 확진 환자 이동 동선에 따른 시설이용 제한 조치

▶ 국외

– **Back to School Facilities Toolkit(2020, Brooklyn Lab)**

- Brooklyn Laboratory Charter Schools(LAB)에서 수행한 학교 재운영 관련 연구 결과를 종합한 자료
- ① 통학로 및 학교 현관 · 계단 등과 관련된 안전한 등교 과정, ② 거리두기 및 실내이동 등과 관련된 교실 공간 디자인 제시로 구성됨
- 안전한 등교 과정의 경우 지정 출입구, 거리두기 가능한 통학로 디자인, 출입구 증설에 따른 추가 계단실 확보 등을 건의함

- 교실 공간 디자인의 경우 수업 특성에 맞는 다양한 거리두기 자리 배치, 단방향 통행을 중시하는 실내공간 이동 동선 등을 제시함

– **분석 결과**

- 실제 학교를 연구대상지로 설정해 코로나 19 대응과 관련된 구체적 설계 디자인 도출
- 현관, 복도, 교실 등 학교 내 주요 생활공간과 직접적으로 연관된 대응 방안 제시
- 전반적인 대응책 제시보다는 거리두기 및 자리 배치 · 이동 동선과 관련된 대안들에 집중

<표 4-12> Back to School Facilities Toolkit 분석 결과

대응 지침	재운영 사전 작업	재운영 준비 과정	학교 재운영 후
위생 지침	-	· 통학로 및 주요 출입 지점 마다 위생 설비 배치	-
물리적 거리두기	· 거리두기 가능한 통학로 디자인 지침 개발	· 거리두기 가능한 통학로 디자인 적용	· 교실 내 다양한 거리두기 자리 배치 · 이동 동선에 거리두기 표시 설치
마스크 착용하기	-	-	-
위생 · 환기	-	· MERV 13 필터로 교체	· 외부 공기 통한 환기 생활화
격리 절차 준수	-	-	-

– **COVID–19: Guidance for School Reopening(2020, SickKids), ED COVID–19 Handbook (2021, 미국 교육부)**

- COVID–19: Guidance for School Reopening의 경우 코로나 19에 대응하기 위해 학교 공간이 실천할 수 있는 16가지 주요 원칙을 제시
- 해당 주요 원칙에는 이상 증상자 격리, 손 위생, 거리두기, 마스크 착용, 위생 · 환기 등 주요 감염병 대응 지침에 해당하는 내용과 더불어 교육 취약계층에 대한 추가적 고려, 정신적 피로감 해소 등에 대한 내용 또한 포함
- ED COVID–19 Handbook은 주요 대응 지침에 부합하는 미국 교육부 차원의 감염병 대응 방안을 이야기하며, 그 중 마스크 착용과 물리적 거리두기를 주로 강조

– **분석 결과**

- 주요 원칙 및 관련된 감염병 대응 방안 서술을 통해 개별 학교마다 고려 · 실천할 수

있는 핵심 방법을 제안하며, 거리두기(1.8m 또는 가림막 있는 상태로 1m)와 관련된 내용을 주로 강조함

- 감염병 상황에서는 학년 · 학급별로 구분된 일상생활 및 공간 이용 체계를 확보해야 한다는 내용(ex. 학년 · 학급별 생활공간 구획화)을 강조함

<표 4-13> COVID-19: Guidance for School Reopening 및 ED COVID-19 Handbook 분석 결과

대응 지침	재운영 사전 작업	재운영 준비 과정	학교 재운영 후
위생 지침	-	· 손 위생 설비 배치	· 각종 위생수칙 관련 교육 · 홍보 실시
물리적 거리두기	· 거리두기 지침 및 관련 매뉴얼 마련	· 교실, 복도 등 주요 공간에 거리두기 디자인 전면 적용	· 학년 · 학급별 구분된 생활 및 공간 이용 체계 통해 거리두기 지속
마스크 착용하기	-	-	· 마스크 착용 생활화 강조
위생 · 환기	· 위생 · 환기 관련 체크리스트 개발	· 위생 · 환기 최대치로 개선	· 교실 공간 환기에 특히 집중할 필요
격리 절차 준수	-	-	· 학교 출입 과정에서 이상 증상 감지체계 지속 점검

- Strategies for Safer Schools(2020, AIA)
  - AIA(미국 건축가 협회)에서 만든 지침으로써 감염 확산 방지를 위한 건축적 대응 방안을 제시
  - 현관 및 공용공간, 교실, 급식실, 체육시설, 보건실, 화장실 및 직원실 등 학교 공간별로 대응 방안 정리
  - 야외공간 활용, 다중밀집 방지, 공용공간에서의 거리두기, 공간구획 등 공간적 변화가 필요한 대안과 함께 환기설비, 폐기물처리, 손 접촉할 필요 없는 각종 설비 등에 대한 고려사항도 존재
- **분석 결과**
  - 학교 공간의 이용자 및 활동 특성을 고려한 감염병 대응 방안을 공간별로 제시했다는 차별점 존재
  - 구체적인 수치 · 기준 제시보다는 효과적 감염병 대응을 위한 공간의 변화 방향과 필수 변경사항 등에 대한 서술로 구성됨

<표 4-14> Strategies for Safer Schools 분석 결과

대응 지침	재운영 사전 작업	재운영 준비 과정	학교 재운영 후
위생 지침	· 교실 또는 출입 지점 인근에 손 씻기 설비 마련	· (주요 공간) 손 접촉 없는 장치 마련 (문, 손잡이 등)	· 위생 지침 안내표시 설치 및 홍보
물리적 거리두기	· 원격교육 관련 시설 확보해 거리두기 가능한 교육 준비	· (복도) 단방향 통행 안내 표시 설치 · (교실) 물리적 거리두기 표시 설치	· (교실) 가림막 등 활용한 거리두기 병행 가능
마스크 착용하기	-	-	· 학교생활 중 마스크 착용 강조
위생 · 환기	-	· MERV 13 필터로 교체	· (실내 공간) 외기 받아들이는 환기 수행
격리 절차 준수	· (현관) 이상 증상자 별도 이동하는 출입구 확보	· (현관) 전이공간 확보 · (보건실) 격리공간 조성	· 이상 증상자 감지시 별도 이동 동선 운영

▶ 국내외 지침 사례 분석 종합

– 국내 분석 종합

- 감염병 유행확산 차단을 위한 단계별 절차 메뉴얼이나 행정적 대응조직 구성에 초점
- 코로나 19의 경우 발열검사, 소독 · 위생을 포함한 방역 조치 강화 등의 방법들이 학교생활 과정에서 어떻게 이루어져야 하는지에 대한 지침 제시
- 방역물품 비치 및 활용, 위생수칙 게시 및 교육, 환기 지침 운영 등과 관련된 대응책 내용이 존재하나, 유형별 학교 공간 · 시설과 관련된 적극적 대응책은 단편적으로 언급되는 등 상대적으로 부족

– 해외 분석 종합

- 감염병 확산 방지를 위해 학교마다 실천해야 할 기본 원칙 및 핵심 방안 마련에 초점
- 발열검사 등 이상 증상자 확인 방법, 개인위생 지침, 환기 기준 등과 관련된 내용은 물론 거리두기, 이동 동선 등과 관련된 설계 디자인의 필요성을 제시
- 코로나 19의 경우 학년 · 학급별 생활공간 구획화나 유형별 학교 공간에 적합한 대응 방안 제시 등 학교 공간 이용과 직접적으로 관련된 공간적 · 건축적 대응책을 강조함

- **최종 분석 종합**
  - 최종 분석 종합 내용은 〈그림 4-21〉과 같음
  - 발열검사, 방역물품, 위생수칙, 환기 지침 등과 같은 기존 감염병 대응 방안은 물론 거리두기, 이동 동선, 생활공간 구획화 등과 같은 학교 공간적 · 건축적 대응 방안을 적절히 고려한 특화설계를 국내에도 적용할 필요
  - 또한 공간 이용양상과 주요 활동 특성을 고려한 학교 공간별 감염병 대응 방안을 제시하여 체계적 · 효과적인 감염 확산 방지가 가능한 특화설계를 제시할 필요

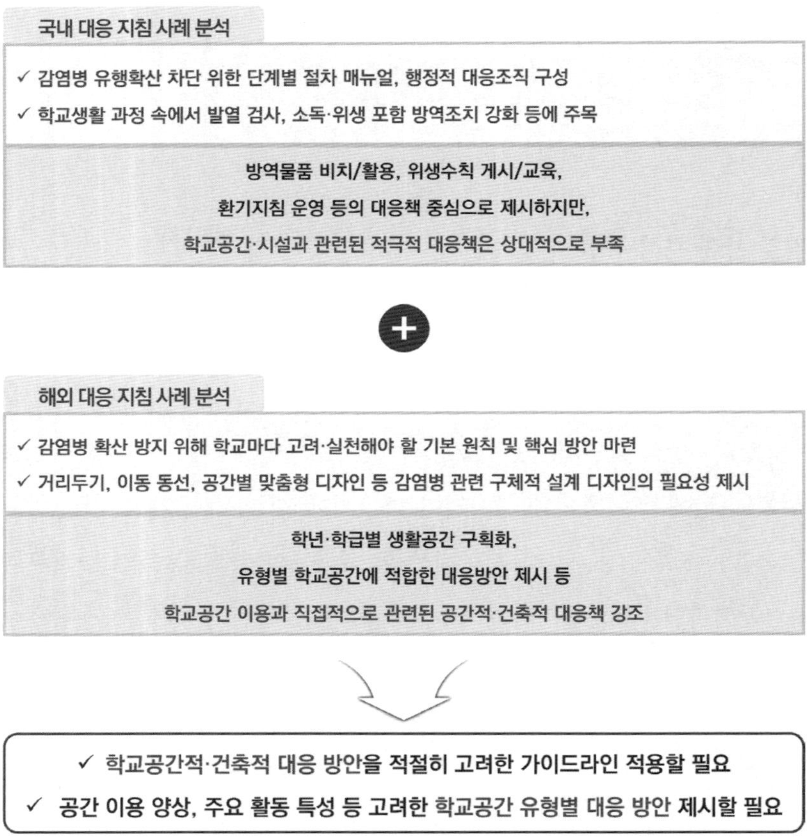

<그림 4-21> 국내외 대응 지침 사례 분석 최종 종합

다. 적용방안

- **감염병에 대응하는 특화설계 적용방안 도출**
  - 현황 분석 및 이론 고찰을 통해 도출한 내용을 종합하여 감염병에 대응하는 건축적 대응방안을 도출한 뒤 감염병에 대응하는 학교시설 특화설계 내용 구상에 필요한 기준으로 활용
  - '감염병 확산에 영향을 끼치는 건축공간적 특성'과 '국내외 학교시설 대응 지침 사례분석'을 통해 도출한 감염병에 대응하는 특화설계 대응방안은 〈그림 4-22〉와 같음

<그림 4-22> 감염병에 대응하는 특화설계 적용방안 도출

  - 해당 건축적 대응방안은 크게 7가지로 구분되며, 각각에 대한 설명은 〈표 4-15〉와 같이 정리할 수 있음

<표 4-15> 특화설계 적용방안 종합

특화설계 적용방안	세부 설명
안전거리가 확보되는 공간조성	· 개인간 요구되는 안전거리(ex. 2mm)가 확보되는 공간을 조성해 공간 내 밀도/혼잡을 줄이고 감염 위험 최소화
개인 위생시설 설치	· 손을 씻을 수 있는 세면대, 소독시설 등 개인 위생시설 설치를 통해 개인 위생환경을 증진시키고 감염병 확산 방지
이용자 출입 및 개인 건강상태를 확인하는 센서/시스템	· 이용자 출입, 개인 건강상태를 확인하는 센서/시스템 구축을 통해 감염 의심자 신속 선별 및 동선체크 가능
실내 공조 설비 설치	· 실내 공조 설비 설치를 통해 감염병 확산을 줄일 수 있는 적정 온 · 습도 및 환기 · 통풍이 잘되는 실내 환경 조성
동선분리가 되는 공간구조	· 이용자의 통행 행태를 고려하여 동선분리가 되는 공간구조를 통해 사람들 간 접촉 차단하고 감염병 통제가 용이한 공간 조성
감염의심자 격리공간 확보	· 감염의심자를 위한 격리공간을 확보하여 감염병 발생 시 피해 최소화
물체에 접속하는 방식 최소화	· 자동 손 소독시설 등 물체에 접촉하는 방식을 최소화하여 접촉을 통한 감염 방지

– **감염병 대응에 있어 학교 공간 유형 고려 필요**

- 학교공간은 이용 목적에 따라 일반교실, 특별교실, 교무실, 보건실, 급식실 등 다양한 공간이 조성되어 있음
- '4–1. 감염병과 학교 공간' 절에서 유형별 학교공간에 따른 건축적 취약요소가 공간별로 서로 다른 것을 확인
- 따라서, 감염병에 대응하는 건축적 대응방안 또한 유형별 학교공간의 감염병 취약요소 및 기타 특성에 맞게 적용할 필요가 있음

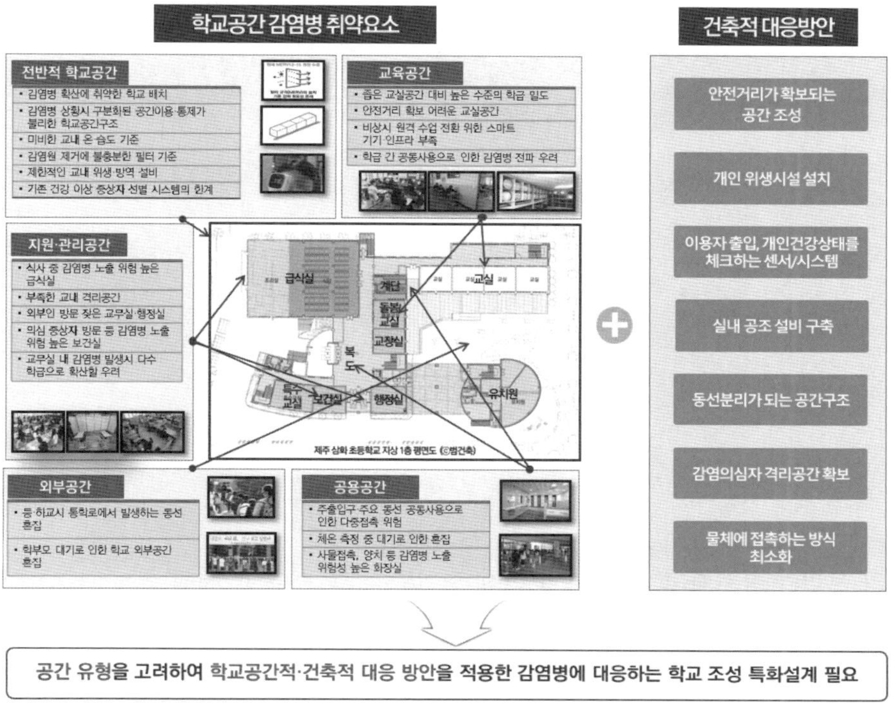

<그림 4-23> 유형별 학교공간 고려한 특화설계 적용방안 필요성

03 팬데믹 대응 학교시설 설계방안

▶ 배치 및 구획

① 공간의 분리가 용이하고, 동선이 구분될 수 있는 학교 배치를 계획

- 감염병 대응 시, 공간의 분리와 이동 동선의 통제가 중요하므로 동선이 구분될 수 있는 학교 배치 계획이 필요
- 일반적으로 학교에서 많이 사용되는 선형, 집중형보다 공간의 분리(구획화)가 쉬우며, 감염병 상황 시 동선의 통제가 쉬운 병렬형, 방사형, 클러스터형을 권장

<표 4-16> 학교 배치 유형 종류

유형	선형	집중형	병렬형	방사형	클러스터형
배치 형태			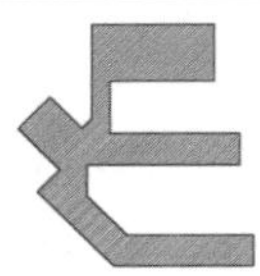		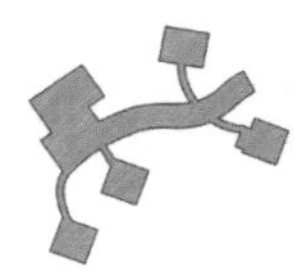
장점	· 소규모 학교의 경우 각 공간 간 동선이 짧고 단순함 · 조망 채광 등 각 실의 환경조건 균등	· 공간의 연계성에 유리하며 동선이 짧음	· 일조 통풍 등 환경조건 양호 · 소규모 옥외 공간 확보 유리	· 중심공간에서의 원활한 동선확보 가능 · 지원시설로의 원활한 접근성 확보	· 학년/교과별로 단위 형성 유리 · 각 동의 독립성이 좋고 교육 변화에 능동적으로 대응 가능
단점	· 규모가 큰 학교의 경우 동선이 길어지고 기능적 공간 배치 어려움	· 조망 채광 등 실내환경이 불리할 수 있음	· 동간 동선 길음	· 채광 조망 등 환경조건이 불리한 동이 있을 수 있음	· 이동 동선 길음

출처 : 학교시설 계획 · 설계 지침 및 시설기준 개발 학술연구(서울특별시 교육청, 2013)

② **교실, 복도, 화장실, 계단으로 구성된 구획 단위로 구분 가능하도록 평면을 계획**

- 감염병 상황 시 학생들의 이동 동선을 최소화하고 감염자 발생 공간을 분리할 수 있는 공간구획 계획안이 필요
- 학생들이 필수적으로 이용하는 화장실을 중심으로 교실을 구획
- 각 구획 단위마다 별도의 복도 및 계단으로 출입할 수 있도록 계획

③ **각 구획 단위가 특별교실/교육지원시설/옥외공간을 중심으로 개별 연결**

<그림 4-24> 구획 단위로 구성된 학교 평면계획 예시

▶ 환기 및 공조설비

① **건물 내 감염병 확산 방지를 위한 학교시설 환기 · 온습도 조절 기준을 마련**

- 환기 1인당 21.6㎥ 이상 기준에서 상향 조정이 필요(일본 : 1인당 30㎥ 이상)
- 비교습도 하한선을 CDC 권장 기준인 40~70%로 조정하는 과정이 필요
- 기준 변경 시 실내온도, 소음 등 다른 기준에 끼치는 영향을 최소화

<표 4-17> 학교시설 환기 · 온습도의 조절기준(학교 보건법 시행규칙)

검사 항목		현행	비고
환기		1인당 21.6㎥ 이상	강화 필요
온 · 습도	실내온도	18℃~28℃(난방:18~20℃, 냉방:26~28℃)	-
	비교습도	30%~80%	조정 필요
소음		빈교실 측정 시 55㏈(A) 이하	-

② 항바이러스 기능이 적용된 공조설비 시스템을 도입

- 사계절이 뚜렷한 국내 기후 특성상 자연환기만으로는 환기량 기준을 충족하기 어려워 기계식 공조설비 구축이 필요
- 실내 공기 모니터링해 감염병 예방에 효과적인 적정 비교 습도 40~60%를 유지
- MERV13이상의 필터링 기준을 적용해 공기 중 항원 차단 효과를 증대
- 자외선살균광(UVGI)을 통해 에어로졸 형태의 항원을 제거하는 항바이러스 기능을 도입

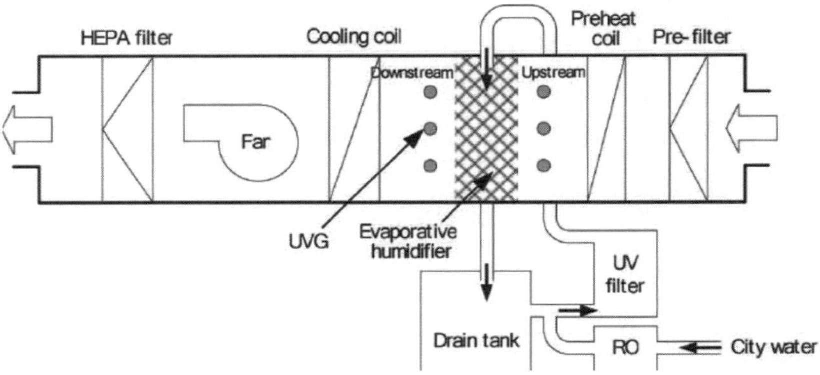

<그림 4-25> 습도조절, HEPA필터, 자외선살균 기능이 적용된 공조설비 예시

③ 외부 환기가 어렵거나 특별히 관리가 필요한 구역의 경우, 별도의 환기장치를 설치

- 급식실, 화장실 등 감염확률이 높은 구역의 경우, 외부 환기팬을 설치
- 환기팬을 통해 나가는 외부 공기가 다른 공간으로 유입되지 않도록 조치

- 외부 환기가 어려운 경우, 실내 공간 내 창호 결합형 전열교환 환기시스템을 설치
- 환기 설비가 없거나, 환기 설비가 적절한 풍량을 공급할 수 없는 경우, 공기 흐름을 효율적으로 향상하기 위해 HEPA 필터가 장착된 이동식 공기청정기를 설치

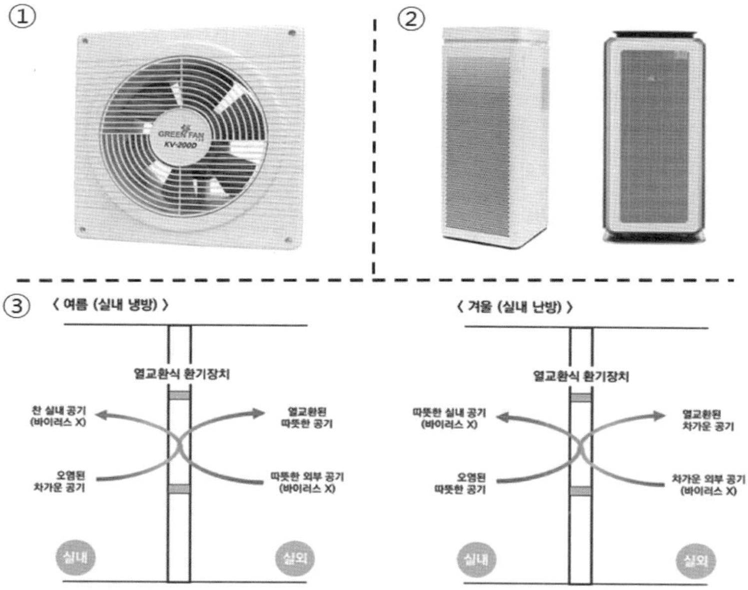

<그림 4-26> 공조설비 외 별도 환기장치 예시
① 외부환기팬 (ⓒ금강환풍기)
② HEPA 필터 장착 이동식 공기청정기 (ⓒ캐리어)
③ 창호 결합형 전열교환 환기시스템 (ⓒLG하우시스)

▶ 센서 기준

① 교문, 현관 출입문, 계단실 입구, 복도 출입지점, 화장실 등 주요 공간 출입 지점을 중심으로 체온 체크 센서를 설치

- 자동 체온 체크 시스템, 여러 개의 출입 지점, 이용시간 분산 등을 통해 학생들의 등하교 대기 시간을 줄이도록 노력
- 층별 계단실 입구 등 주요 출입구마다 센서를 설치하여 감염 의심자를 신속히 판별

② 센서 설치 시 벽 옆면이나 천장부에 일정 간격으로 여러 개를 설치하여 측정 대기시간 없이 다수인원을 동시에 측정

	상황1	상황2	상황3	상황4
온도 체크	×	×	○	○
출입 속도	5명/분	5명/분	3명/분	3명/분
등교시간 조정 그룹 수	1	2	4	2
출입구 수	1	1	1	2
소요 시간	45분	20분	75분	10분
결 과	45 / 101	20 / 27, 20 / 27	75 / 41	10 / 17, 10 / 17

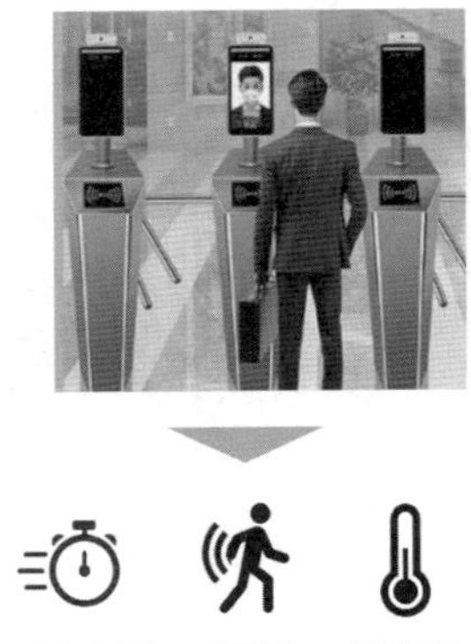

<그림 4-27> 센서 설치 기준 예시
좌 : 상황별 학교 등교 속도 (©Back to School Facilities Tool Kit)
우 : 대기시간없는 실시간 체온체크 센서 예시 (©Chancen.international)

▶ 위생 설비 및 안내표시 설치

① 주요 공간 출입구 근처에 세면대, 양치공간, 손소독제 등 위생 설비를 설치

①
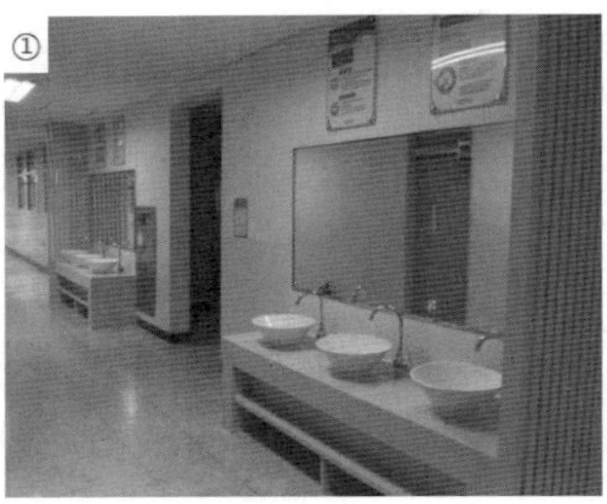

②
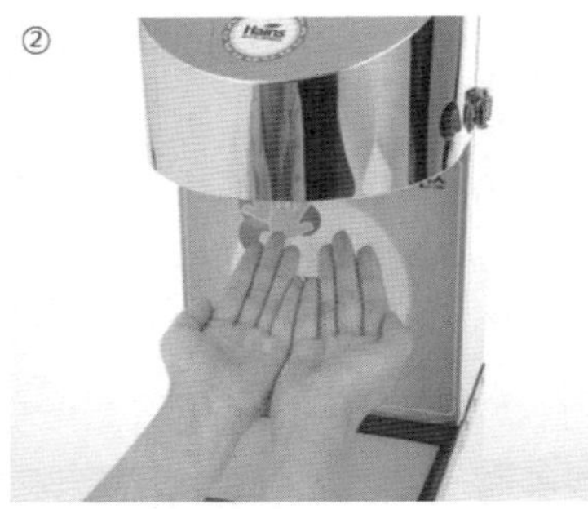

<그림 4-6> 주요 공간 출입구 근처 위생 설비 설치 예시
① 세면시설 설치 (©양진중학교 양치시설)
② 손소독제 설치 (©(주)하인스)

② 감염 예방 수칙 안내, 올바른 손씻기 방법 등 위생지침 안내표시를 설치

- 세면대, 손소독제 비치공간 등 위생시설 주변에 위생지침 안내표시를 설치

• 안내표시는 눈에 띄는 위치에 설치하며, 학생들이 이해하기 쉽도록 제작

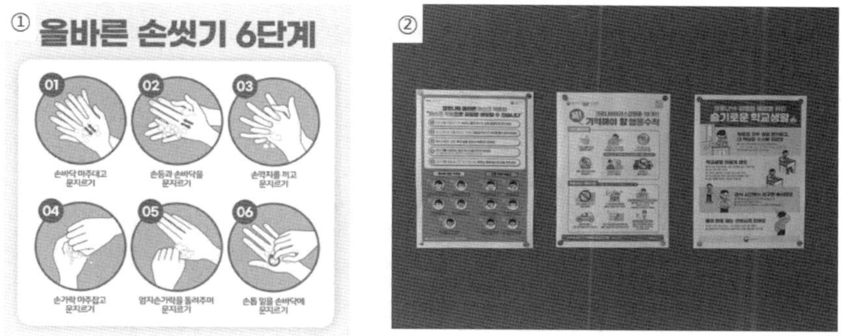

<그림 4-28> 위생지침 안내표시 설치 예시
① 위생지침 예시 (©미리캔버스)
② 위생지침 안내표시 실천 예시 (©연암초등학교)

▶ 거리두기 및 이동동선 분리 디자인

① 학교 내 공간에서 거리두기를 하기 위한 설계 기법을 사용

- 복도나 보도의 타일 크기, 색깔 등을 조절하여 거리두기를 유도
- 건물 출입구, 급식실, 교무실, 화장실 등 장소 입장을 위한 대기가 불가피한 경우 스티커, 바닥 표시물 등 거리두기 안내표시를 설치하여 이용자 간 안전거리를 확보
- 거리두기가 어려울 경우 칸막이, 파티션 등을 이용하여 사람들 간 접촉을 차단

<그림 4-29> 거리두기를 하기 위한 설계 기법 사용 예시
① 학교 복도 거리두기 안내 표시 설치 (©구미뉴스)
② 거리두기가 어려울 경우 칸막이, 파티션 이용 (©무봉초등학교)

② 이용자 간 접촉을 최소화하고 인원을 효율적으로 통제하기 위해 이동동선을 분리

- 한방향 통행 등 명확한 동선 안내를 통해 이동과정에서 산발적 접촉을 최대한 차단
- 출입문, 복도 중간, 계단 입구, 실내공간 등 학교 공간 곳곳에 안내 표시를 배치하고 이용자가 보기 쉬운 위치에 설치

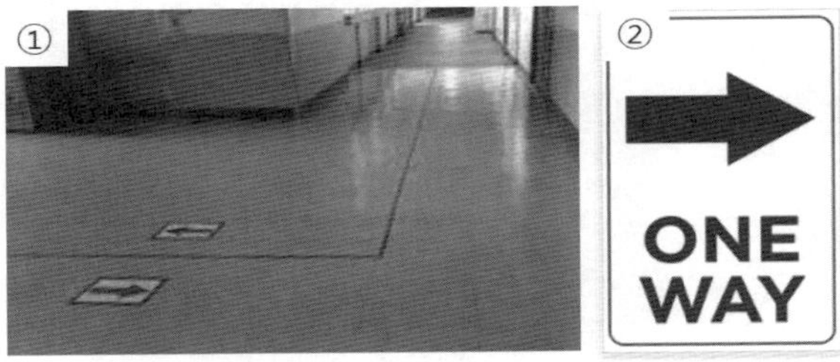

<그림 4-30> 이동동선 분리를 위한 설계 기법 예시
① 복도 동선분리 디자인 (©대전송촌중학교)
② 일방향 통행 표시 (©ABC Document Solutions)

▶ 손 접촉 없이 사용 가능한 디자인

① 손 접촉 없이 사용 가능한 디자인을 우선적으로 고려

- 공간 출입문을 자동문이나 발로 여는 문으로 전환
- 세면대, 손소독제, 조명 스위치, 쓰레기통 등 자동화 장치 · 설비를 적용

<그림 4-31> 손 접촉 없이 사용 가능한 디자인 예시
① 자동문 (©코르텍(주))
② 손 접촉 없는 스위치 (©Access Hardware Supply)

② **접촉이 불가피할 경우(문고리, 계단 난간 등) 일회용 소재나 감염 전파를 제한하는 소재를 사용하여 감염 확산을 방지**

- 접촉이 잦은 물건(문고리 등) 일회용 소재를 활용하여 사용 후 교체하여 감염을 차단
- 엘리베이터 버튼, 난간, 문고리 등을 구리 함유량이 65% 이상인 합금 소재로 제작하거나 필름을 부착하여 사용
- 접촉 후 바로 소독할 수 있도록 해당 소재 주위에 세면대, 손소독제를 배치하도록 권장

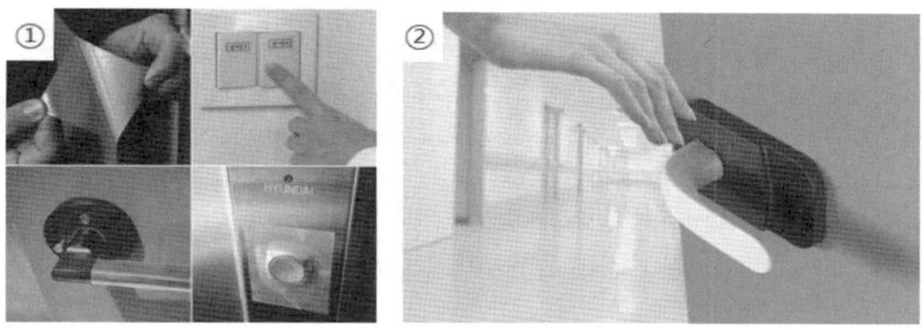

<그림 4-32> 감염 전파를 제한하는 소재를 사용한 디자인 예시
① 구리합금 플라스틱 사용 (©(주)유성트렌스글로벌)
② 향균 금속 소재 출입문 (©롯데 케미칼)

▶ 감염병에 대응하는 신규 공간 조성

① **체온계, 의료용 장갑, 마스크 가림판, 가림막, 침상 등 평소 감염병에 대응하기 위한 물품을 보관할 수 있는 유휴 공간을 확보**

- 방역물품은 발열감시, 전파 차단, 소독을 위해 학생 · 학급 수 등 학교 규모를 고려하여 상시 비축
- 교실 비축 물품(체온계, 마스크, 장갑, 알코올 손 소독제)은 학교여건을 고려하되, 가급적 학생의 손이 닿지 않는 적정 장소에 보관

② **감염의심 발생 시 해당 인원만 분리해 대응 가능한 격리 공간을 확보**

- 상시로 설치하여 운영하기보다는 필요시 한시적으로 사용하는 시설로 학교 특성을 고려하여 탄력적으로 운영
- 주요 이동 동선과 거리를 두되 보건실 및 층별 · 층간 이동 동선 고려하여 보건교사가 상시 관찰 · 대응할 수 있는 장소를 선정해 조성

- 유휴공간 부족 시 특별교실, 보건교육실, 계단실 옆 분리공간 등을 활용하여 격리 공간을 확보

<그림 4-33> 감염병에 대응하기 위한 신규 공간 조성 예시
① 감염병 대응물품 보관 공간 (©경기도)
② 일시적 관찰실

② 감염병 확산 방지를 위해 야외공간 활용을 권장

- 감염병 확산 방지를 위해 야외공간을 적극적으로 활용한 계획안을 적용할 필요성이 존재
- 학교 공간 내 야외 수업을 위한 공터 및 공용공간 확보를 권장
- 야외 수업을 위해 필요한 천막, 의자, 책상 등 보관공간을 마련

<그림 4-34> 감염병에 대응하기 위한 신규 공간 조성 예시
③~④ 야외공간 활용 (③ ©AP, ④ ©Darc Studio)

V

관련 연구

01 공중보건과 도시설계

▶ **건강도시를 둘러싼 도시 및 공중보건 분야의 역사 (이제선, 2015)**

들어가기

'건강', 이 두 글자를 대하게 되면 여러분은 어떤 생각을 하시게 됩니까? 나는 건강에 자신 있어, 아니면 건강에 자신이 없어 또는 운동을 해야 되는데, 건강한 먹거리를 바탕으로 한 식사를 해야 되는데 등등 많은 생각을 하게 됩니다. 20세기 이후 공중보건 및 개인위생 상태가 개선되고 현대의약 기술의 급속한 발전으로 인간수명이 지속적으로 증가되면서 조만간 100세 장수를 예견하고 있습니다. 그러나 이러한 예측이 마냥 달갑지만은 않다는 반응이 나타나고 있습니다. 그것은 바로 수명이 연장될 것이라고 하지만 지속적으로 건강하게 살 수 있을 것인가? 라는 즉 '개인의 건강'에 대한 의구심을 가지게 되기 때문일 것입니다. 그러다 보니 건강하게 살다가 마지막에 짧게 앓고 죽는, 소위 '구구팔사'의 건강장수를 실현하는 것이 개인과 사회를 행복하게 하는 첩경이라는 주장이 대두되고 있습니다. 그러나 현대인들이 살고 있는 작금의 도시는 기후온난화, 개발에 따른 환경파괴, 도시로의 인구집중, 소득격차 등과 같은 많은 도시문제로 몸살을 앓고 있기에 건강을 위협하는 현대도시환경과 생활패턴이 새로운 문제점으로 대두되고 있습니다.

현대도시는 자동차 의존적 생활패턴, 좌식생활, 건강하지 못한 식습관 그리고 신체활동부족을 초래하는 물리적 환경 등으로 인해 현대 질병의 주요한 원인인 과체중과 비만을 초래하고 있습니다. 특히 도시민들의 신체활동 부족으로 인한 비만은 고혈압, 당뇨병 및 심장질환과 같은 만성질환을 일으키는 주요한 원인임이 밝혀지고 있습니다. 보건복지부에 의해 시행된 2010년도 국민건강영향 조사에 따르면 2025년 국내 성인 인구 2명 중 1명 약 44.6%가 비만자가 될 것으로 예측되고 있습니다. 그러나 비만해소를 위한 운동을 하려해도 개개인이 가진 시간의 유무, 신체적 능력, 운동에 대한 개인적 동기, 운동시설 이용비용, 운동 시설 접근성 및 운동 용이성 등으로 일상생활에서의 운동이 그다지 쉽지만은 않은 것으로 나타나고 있습니다. 이처럼 현대인에게 있어 운동을 통한 비만해소가 매우 중요한 쟁점으로 부각되는 가운데, 일상생활에서 걷기와 자전거를 통한 신체활동을 촉진시켜 운동을 대체할 수 있는 활동적인 도시환경조성이 도시만들기 분야에서 새로운 화두로 떠오르고 있습니다.

그러나 도시분야 전문가들이 공중보건분야 전문가들의 주 관심대상인 위생환경과 건강에 대해 관심을 가지기 시작한 것은 현대도시에서만 나타난 현상은 아닙니다. 과거 도시에서도 전염병과 도시가 가진 불결한 도시환경과 오염물질로 인한 개인 및 도시위생에 대한 문제를 해소하고자 도시분야 및 공중보건분야가 상호 협력을 하기도 하였습니다.

그리고 현대에 와서는 앞서 이야기한 것과 더불어서 식습관, 흡연 및 운동부족에서 벗어나 육체적, 정신적 그리고 사회적 안녕을 추구하는 웰빙(Wellbeing)사회를 추구하는 건강도시 실현을 위해 다시 한 번 상호 협력하는 시대가 되고 있습니다. '건강도시'와 관련해서는 1977년 WHO는 'Health for all'이라는 알마아타 선언을 통해 "전 세계 모든 사람들의 건강을 보호하고 증진하기 위해 모든 정부, 보건 · 개발종사자 및 전 세계 지역주민에 의한 신속한 행동이 필요하다"라고 언급하였습니다. 이후 1986년 캐나다 오타와 제1차 국제건강증진회의에서 건강증진에 관한 개념이 제창된 이후 건강도시 개념은 유럽을 중심으로 시행되어 현재 전 세계 1,000여개 도시로 확장되어가고 있으며, WHO에 의하면 현재와 미래의 도시는 도시의 건강을 증진 시키는 것이 무엇보다 중요하다고 역설하고 있습니다.

도시 내 물리적 환경을 다루는 도시분야와 개인위생과 건강을 다루는 공중보건 분야 간의 역사는 1825년에 시작된 산업혁명을 기점으로 나누어보고 있습니다. 학계에서는 이러한 관계를 시계열적으로 분리하여 1825년 전을 태동기, 1825년에서 1930년까지를 협력기, 1930년부터 1980년을 분리기 그리고 1980년부터 현재까지를 재결합기로 구분하고 있습니다. 본고에서는 이러한 분류에 기초하여 두 학문 분야의 애증의 역사를 살펴보도록 하겠습니다.

산업혁명이전(1825년전)

1800년대부터 도시화에 따른 사람들의 도시로 집중, 집중에 따른 혼잡, 쓰레기, 식수 및 무질서 등이 사회문제로 대두되기 시작하였습니다. 그리고 보건학적인 입장에서 볼 때 사람들과 가축 동물 등이 동일공간에서 함께 거주하고 있는 일반인들의 주거환경은 개인 및 도시 위생에 있어 커다란 문제가 될 수 있었던 것입니다. 특히 현대도시에서는 쓰레기 등의 처리가 공공분야에서 담당하는 업무로 당연시 인식되고 있으나 그 당시에는 개인이 처리해야 되는 문제로 간주되었습니다. 이로 인해 도시공간에 사람과 동물들의 분뇨 그리고 동물 사체 등이 나뒹굴고 오염과 악취가 매우 심하였다고 합니다. 이러한 문제점들을 해결하기 위해 현재의 뉴욕인 New Armsterdam에서는 1644년 최초의 위생법규를 시행하는 노력을 보이기도 하였지만, 그 당시 발생했던 질병들의 원인인 도시위생을 개선하려는 노력보다는 전염성이 높은 질병들을 어떻게 치료할 것 인가에 대한 대응책 마련에만 급급했다고 합니다. 그러한 가운데 1666년에는 보스톤에서 청소부가 처음으로 등장하기 시작하였고, 1800년대부터 뉴욕에서도 길거리 오염물질을 제거하고 청소를 위한 용역이 시행되어 도시 및 개인위생에 대한 노력이 나타나기 시작하였습니다. 그럼에도 불구하고 1793년부터 1806년에는 황열병이 미국에 불어 닥쳐 많은 희생자를 내기도 했습니다.

협력기(1825년~1930년)

도시 내 물리적 환경과 보건분야의 협력은 산업혁명 후 적극적으로 나타나기 시작하였습니다. 산업혁명에 따른 산업화, 외부지역에서 도시로의 노동자 이주 및 도시집중으로 인해 도시는 햇빛, 채광 및 환풍 등이 부족하고 위생이 불량한 거주 환경을 가지게 되었습니다. 또한 공장에서는 유독물질이 배출되고 운송수단인 마차 및 철도에서 나오는 소음 및 석탄사용에 따른 대기환경의 오염 그리고 콜레라 및 결핵과 같이 건강을 위협하는 전염병이 더욱 출몰하기 시작했습니다. 산업혁명 이후 이처럼 매우 열악하게 변해가는 도시환경과 관련하여 런던에서는 관심을 표명하기 시작하였고, SirEdwinChadwick는 1842년 위생건강보고서(Sanitary HealthReport)를발표하였고 1848년에는 공중보건법(PublicHealth)이 만들어졌습니다. 이어 1866년에는 위생법(Sanitary Act)이 만들어지면서 오수 및 폐수처리, 식수공급, 주택밀도 및 점유 등 위생과 관련한 사항을 지방정부의 책임으로 하였고 공공장소에서 다른 사람에게 전염병을 퍼트리는 사람에 대한 페널티도 도입하였습니다.

한편 뉴욕에서는 도시공원이 주요한 어메니티로 강조되기 시작했습니다. Frederick Law Olmsted는 도시공원들이 도시민의 건강을 증진 시켜주는 촉매제의 역할을 담당하며 도시로 자연을 끌어올 수 있는 방법이라고 주장하여 도시위생과 개인건강을 위해 필요한 신선한 공기를 공급하려고 1857년에 센트럴 파크를 건립하였습니다. 또한 이 시기에 도시건강과 관련한 노력으로는 깨끗한 물을 제공할 수 있는 상수도시설을 도시에 보급하는 것이었습니다. 산업혁명을 전후로 오염된 물로 인해 그 당시 시민들은 수인성 질병에 고통을 받고 있었고, 특히 이러한 질병에 취약한 빈곤층과 어린이들의 전염과 사망률이 높았기 때문입니다. 이와 같이 시민들의 건강과 직결된 깨끗한 물을 공급하려고 1837~1842까지 상수시스템인 CrontonAqueduct가 건설되기도 하였습니다.

산업화 시대이후 도시 빈민지역에 있는 공동주택 내 좁은 방 하나에 수용가능인원 이상의 도시근로자들이 거주하는 것이 일반적이었습니다. 이들의 주거환경은 열악하였고 근로자들의 건강을 위협하는 전염병이 널리 확산되고 도시 빈민 근로자들의 건강은 악화되었습니다. 이처럼 열악한 도시환경을 개선하고자 1853년 파리에서는 Baron Haussmann이 건물개선, 녹지, 위생, 급수, 공기순환 및 도로폭 개선 등과 같은 파리개조사업을 시행하였습니다. 또한 영국에서는 1860년 OctaviaHill에 의해 주택환경개선정책이 수립되어 당시 빈곤계층에게 집을 지어 주는 등 더 나은 주거환경을 제공하기 위한 새로운 주거모델(Model Tenement Movement)이 제시되기도 하였습니다.

비록 이러한 노력은 값비싼 개발비용 탓에 큰 성공을 거두지는 못하였지만 정부가 직접 나서서 열악한 주거환경을 개선하여 거주민들의 건강을 개선시키려는 노력을 했다는 그 자체로 의의를 찾을 수가 있겠습니다. 미국에서도 도시건강을 심각하게 위협해왔던 제조업분야를 본격적으로 규제하기 시작했고 이미 발생한 문제들은 효과적으로 해결하기 위해 정부의 역할을 강조함과 동시에 정부의 영향력을 사회 다방면으로 확대하려는 노력들이 〈표 1〉과 같이 시행되었습니다.

<표 1> 협력기에 나타난 미국의 노력

1842	Aqueduct Water System to bring Fresh Water from Westchester
1857	Central Park
1881	NYC creates the Department of Street-Sweeping
1891	Jacob Riis (How the Other Half Lives published)
1901	New York City Model Tenement Law
1909	First National City Planning Conference
1910	Daniel Burnham's Plan of Chicago
1911	National Housing Association founded
1916	New York City Zoning Ordinance (light and air into the streets)

분리기(1930년~1980년)

1930년대까지 이어진 도시분야와 보건분야의 협력은 도시민의 위생 및 도시 환경의 건강성을 향상 시키는 결과를 가져오게 되었습니다. 그러나 1930년대 이후 도시분야는 도시미화운동(City Beautiful Movement)에 더 많은 관심을 가지기 시작하였습니다. 물론 이 당시 주창되었던 모더니즘(Modernism)은 기존의 엘리트주의적 사고에서 벗어나 도시에 코드를 도입하고 오픈스페이스를 강조하는 등 도시건강의 역사적인 흐름에 있어 중요한 역할을 담당하였습니다. 그러나 모더니즘적 도시는 지나치게 도시의 기능과 효율성 그리고 경제적인 것을 강조하면서 건강과 관련한 도시환경에 대한 관심을 감소시켰고 결국 더 이상 관심을 가지지 않게 되었습니다.이와 유사하게 공중보건에서도 가로 청결, 청소, 근대적 배관시설 및 공동주택 개선 등을 통한 개인위생 및 건강 그리고 도시환경개선이 그들의 주요 역할이 아니라고 부정하였으며 건강과 관련한 병원균에 기반을 둔 환경적 위생개선을 통한 보건 증진 노력을 거부하고 오히려 개개인들과 그들의 행동 및 감염균 쪽으로 학문적 관심을 전환하기 시작하였습니다.

재결합(1980년~현재)

20세기로 들어오면서 질병의 유무 외에도 개인의 불안, 긴장, 신체활동 패턴, 자동차 사고, 보행자 사고 및 사망, 정신건강 및 사회자본 등이 건강을 위협하는 문제로 대두되기 시작하였으며, 'Urban Health'라는 개념이 등장하기 시작하였습니다. 이로 인해 도시분야에서는 도시건강과 관련된 문제로 도시의 분산화, 교외화, 자동차 생활, 좌식생활 등에 주목하기 시작하였으며, 보건학 분야에서는 비만, 고혈압, Unhealthy Food 등에 관심을 가지며 도시학, 보건학 및 의학 등 다양한 분야와의 연계와 협력이 이루어지기 시작하였습니다. 또한 현대 공중보건분야에서는 작금의 의료적 치료, 약물 및 보건정책만으로는 현대인들의 건강을 증진 시키는 것에는 한계가 있다는 것을 알게 되었고, 이를 보완 할 수 있는 방안으로 신체활동을 통해 건강을 증진 시킬 수 있는 도시의 다양한 물리적 환경개선에 관심을 가지게 되었습니다. 이러한 내용은 환자에 대한 의료진들의 처방에서도 잘 나타납니다.

의사와 환자 간에 이루어지는 상담내용을 보면, 잘 먹고, 잘 쉬고, 스트레스 덜 받고, 약 잘 먹고, 잘 치료하라는 요구와 함께 마지막으로 꾸준히 운동을 하라는 요청을 하고 있습니다. 특히 건강과 관련하여, 과거처럼 너무 힘들게 운동해야 효과가 있다는 'no pain, no gain' 이라는 운동 방법에서 벗어나, 자전거 또는 걷기와 같이 일상에서 이루어지는 신체활동을 통한 중저강도 운동을 30분 이상 지속적으로 해도 건강증진에 효과가 있다는 것이 판명되었습니다.

걷기 및 자전거 운동은 전략적 활용성이 매우 높은 신체활동입니다. 특히 이러한 활동은 시간을 따로 낼 필요가 없으며 자전거 구입 및 유지에 추가적 비용이 들 뿐 많은 비용을 요구하지 않는 특성을 가지고 있습니다. 또한 운동시설에 대한 접근성에 대한 제약이 없을 뿐만 아니라 운동하는 방법을 새롭게 배워야 할 필요성도 크게 대두되지 않고 너무 힘들게 운동하지 않아도 되면서 지속적으로 30분 이상 운동이 가능한 전략적 운동입니다. 따라서 걷기 및 자전거 같은 비동력이동 수단(non-motorized transportation)을 통해 신체활동을 촉진 시킬 수 있는 도시의 물리적 환경 즉 건조환경에 관심을 가지게 되었습니다. 이러한 두 분야의 협업과 관련된 내용은 〈그림 1〉과 같습니다. 즉 도시형태와 신체활동에 공통적 관심을 가지면서 두 학문 분야가 재결합하는 계기가 되었습니다. 학술적으로도 공중보건학분야에서는 2003년도에 American Journal of Public Health 및 American Journal of Health Promotion 에서 건강도시에 관한 특집호를 그리고 도시계획에서는 2006년도에 Journal of American Planning Association에서 건강 도시와 관련한 특집호를 발간하였습니다.

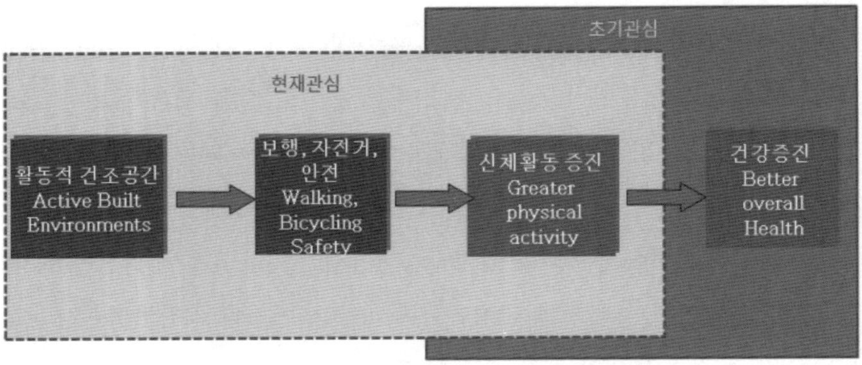

<그림 1> 도시와 보건분야에서 신체활동 증진에 대한 관심

나가기

18세기와 산업혁명 시대까지만 해도 국가와 시민들에게 삶에 있어 가장 중요한 요소는 최소한의 의식주를 보장받는 것이었습니다. 하지만 최근 도시민들의 삶의 수준이 높아지면서 기본적인 생존의 문제를 넘어 삶의 질이라는 이슈에 점차적으로 큰 관심을 기울이고 있습니다. 1986년 WHO가 '건강'을 인류보편적인 가치로 강조하기 시작하면서부터 전세계 도시들이 지향하는 방향 중 하나로 자리매김하였습니다. 이와 같이 건강에 대한 관심은 특히 1990년대 미국에서 비만이라는 현상에 대해 심각성을 인지하면서 가속화되었습니다. 현재 미국 사회에서의 건강 관련한 키워드는 비만이지만, 과거시대에는 전염병이었고, 산업화 시대에는 오염물질이었습니다. 이처럼 시대마다 가지고 있는 사회경제적인 배경에 따라서 그 사회가 정의하는 '건강도시'는 다를 수 있다는 것을 염두에 두고 건강도시에 대한 맥락을 이해해야 할 것 입니다.

최근 국내에서도 주목받고 있는 건강도시는 이러한 협력에 기초하여 도시민의 건강 및 질병 문제를 해결하기 위한 시도로 간주할 수 있다고 봅니다. 현재의 건강 도시를 만들고자 하는 노력은 단순히 도시계획, 건축, 보건학의 영역이 아닌 다른 영역의 모든 지식과 기술을 동시에 고려하여 점차 확장해 나가야 할 것으로 보입니다. 이와 관련하여 도시의 건조환경이 시민들의 건강에 어떠한 영향을 주며 어떻게 영향을 미치는지에 대한 연구 또한 활발하게 일어나고 이를 바탕으로 도시환경의 적극적인 변화를 통하여 신체활동과 건강을 증진 시킬 수 있는 건강한 도시가 만들어지기를 기대해봅니다.

| 참고문헌 |

1. 이수기, 2010,"건강한 커뮤니티 조성을 위한 도시계획·공중보건 통합 연구의 경향과 한계점 분석",『서울도시연구』, 11(2): 15-33.
2. Frumkin, H., Frank. L. D., and Jackson. R., 2004, Urban Sprawl and Public Health: Designing, Planning, and Building for Healthy Communities, Washington. DC: Island Press.
3. Lawrence D. Frank and Peter O. Engelke, 2001,"The Built Environment and Human Activity Patterns: Exploring the Impacts of Urban Form on Public Health", Journal of Planning Literature, 16(2): 202-218.
4. Russell I. Lopez, 2012, The Built Environment and Public Health, 2nd ed. Jossey-Bass.

02 커뮤니티 환경과 개인건강

▶ **Suji An, Jeasun Lee & Dongwook Sohn (2014) Relationship between the Built Environment in the Community and Individual Health in Incheon, Korea, Journal of Asian Architecture and Building Engineering, 13:1, 171-178, DOI: 10.3130/jaabe.13.171**

Relationship between the Built Environment in the Community and Individual Health in Incheon, Korea

Suji An[1], Jeasun Lee[2], and Dongwook Sohn[3]

[1] Graduate Student, Department of Urban Planning and Engineering, Yonsei University, Korea

[2] Professor, Department of Urban Planning and Engineering, Yonsei University, Korea

[3] Professor, Department of Urban Design and Planning, Hongik University, Korea

Abstract

With increasing global interest in creating healthy communities, research in urban planning and public health has been progressing on this topic. While discussions and researches in South Korea are beginning to occur at the urban planning level, most studies hitherto have centered round public health, with very few considerations of built environments. This paper aims to explore how individual characteristics and built environments in the community are correlated to individual health levels in Incheon, Korea. This study establishes a conceptual model to examine the relationship between public health, individual attributes, and built environments and analyze the effect of built environments on health level using a multilevel regression model. The results reveal that, with the exception of some variables, the correlations between individual health levels and built environment variables are statistically significant.

Keywords: built environment; public health; healthy community; multilevel; Incheon

1. Introduction

With increasing global interest in healthy communities, research in urban planning and public health has been progressing on the topic, "How does the built environment in a community affect public health?" When we consider historically the relationship between urban planning and public health, this trend is nothing new (Jackson, 2003; Schilling and Linton, 2005; Sloane, 2006). In the 19th and early 20th centuries, urban planners helped to overcome infectious diseases like cholera and tuberculosis by designing better buildings, streets, neighborhoods, clean water systems, and parks. In the 21st century, planners and public health professionals began to restudy the built environment and recognized that they can again play a crucial role in combating the most currently growing public health epidemics. In particular, the high obesity ratio in the U.S. has led to people becoming more aware of public health and studies on the relationship between the built environment and public health have been actively carried out since the 2000's (Lee and Moudon, 2004; Frank et al., 2006; Doyle et al., 2006; Zhu and Lee, 2009; Ding and Gebel, 2012). According to such studies, automobile dependency rather than walking and a reduction in their daily physical activities have led to chronic illnesses such as obesity, high blood pressure, diabetes and so on. Furthermore, health problems arising from unhealthy communities are also analyzed to be causing serious social problems in terms of their socio-economic cost (Leyden, 2003; Kim, 2008; Lopez, 2012). In response, Cannuscio et al. (2003) have argued that many features of the built environment could facilitate different opportunities for social interactions and thereby act to protect or improve mental health and overall well-being. In South Korea as well, the rapid implementation of urbanization, a shift to western dietary habits, and a reduction in physical activities have frequently been linked to numerous health-related problems.

In western countries, studies on creating healthy communities that could treat such problems and promote healthier living are being carried out through integrative research among public health, urban planning, transportation and leisure science (Corburn, 2004; Ding and Gebel, 2012). In contrast, although discussion and research in South Korea is beginning to occur at the urban planning level, most studies so far have centered round public health, with very few considering the built environment as a factor influencing one's health (Lee, 2002; Lee and Ahn, 2008a; Lee 2011). As a result, while the Korean government is developing planning policies for creating healthy communities such as "The National Health Promotion Plan" (Healthy Korea 2010), it has had to rely on research findings produced in western countries owing to the lack of such studies in Korea (KRIHS, 2010). Due to the significant differences of the built environments in Korea compared to those in Western countries, their research findings could possibly show different outcomes (Lee, 2011). The purpose of this study is to analyze how individual characteristics and community-built environment variables are correlated to individual health levels in Incheon, Korea. Correlation analysis and the multilevel regression model will be utilized. Data for this study include "Korea Health Statistics 2009: Korea National Health and Nutrition Examination Survey IV" (KNHANES IV, 2009), relevant statistics and built environment information on the 10 districts in Incheon Metropolitan City.

2. Literature Review

The term 'environment' is very broad and can imply various meanings to different people. According to Lopez (2012), the environment is divided into three domains: the physical, social and built environment. They are not totally discrete; there is a considerable overlap between them. In this paper, the built environment in a community consists of all the features that have been constructed and modified by humanity. To a certain extent, the history of the built environment and public health extends back almost two hundred years, but even in ancient times, there was a consensus that the environment of cities helps the health status of its residents (Boarnet, 2006). The built environment is consistent with what is traditionally considered to be environment health. In the development of modern social sciences, the study by Durkheim (1951), which showed that the suicidal act of an individual is influenced by the characteristics of the group to which the individual belongs, is considered the first attempt to study the built environment and public health from an academic perspective. In this chapter, research in western countries, centered round the United States, and research in South Korea will be separately examined. Regarding research in western countries, Frank and Engleke (2001) have stated that the dynamic interaction between land development and transportation facilities investment bring continuous health benefits. Ewing et al. (2003) and Kelly-Schwartz et al. (2004) carried out studies on the relationship between the health of individuals and the suburbanization of cities. They showed that suburbanization and public health are meaningfully related. Frank et al. (2006) also showed, utilizing 2000 census data, that the walkability indicator was significantly correlated to the walking activities and obesity of local residents. Boarnet (2006), referencing studies on urban planning and public health, argued that the built environment was not the dominant determinant for obesity rates, while Doyle et al.(2006), based on research on the effect of a pedestrian friendly and safe environment on individual health, proposed that people living in an active community environment which encourages exercise and activities will be healthier.

As for research conducted in South Korea, Lee and Ahn (2008b) stated that accessibility to neighborhood parks, along with socio-economic characteristics, affects local residents' health by examining the relationship between neighborhood built environments and walking. Kim and Kang (2011) also reported, through their analysis of the urban environment, the obesity rate of local communities and self-reported health status rates, that the urban environment significantly influences individual health. In domestic and overseas studies dealing with the built environment and public health, health-level variables such as mortality rate, morbidity rate, selfreportedhealth status index, accessibility to health and medical services, and the cost of such services were used (Wagstaff et al., 1991; Manor et al., 1997; Kerani et al., 2005; Van Doorslaweee et al., 1997, 2000; Kiman, 1999; Waters, 2000). There have also been studies that used such health indices as obesity or body mass index (Lopez-Zetina et al., 2006; Pendola and Gen, 2007; Bodea et al., 2009; Scott et al., 2009; Feng et al., 2010; Seong, 2011), levels of subjective health-awareness (Samimi et al., 2009), and subjective depression (Sturn and Cohen, 2004). In this study, four indices from among the health indices used in previous studies or the KNHANES IV were selected and applied. Various preceding studies thus provided this paper with many useful ideas in analyzing the relationship between the built environment and individual health, such as ideas on basic concepts and variable selection. Fig.1. provides a conceptual framework of the relationships between public health individual attributes, and the built environment in which people live and work.

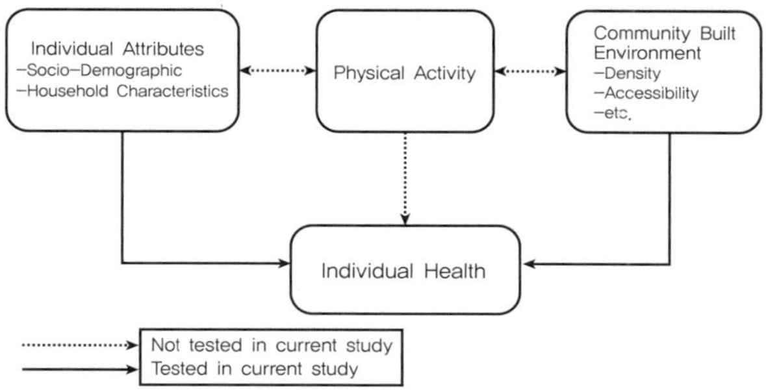

Fig.1. A Conceptual Framework for Research

3. Data, Variables and Descriptive Statistics

3.1 Data

To carry out the research purpose, the KNHANES IV was used to obtain data on individual and family attributes and also individual health levels. The data included information on which administrative districts responders' residences were located in, and the sampling used a proportional allocation method that considered gender and age structures. The research area was limited to Incheon Metropolitan City, and the analysis subjects were 357 adults over 19 years of age living in 10 administrative districts where the survey on health levels was carried out. To obtain data on the built environment, data on the responders' administrative district information were linked using Incheon City's numerical map, statistical database and GIS.

3.2 Variables

The major variables used in this study are as shown in Table 1. Individual characteristics and built environment were used as independent variables and health levels were used as dependent variables. Individual characteristics included age, quartile income, level of education, economic activity status, smoking status, and the number of days per week in which vigorous physical activity occurred, in which moderate physical activity occurred, and in which walking occurred. The built environment variables included mixed land use index, housing type ratio (single family housing and apartment), residential density, park area, number of parks, accessibility to subway stations, number of bus service routes, street connectivity, and the length of bike lanes. The health level variables included quality of life (LQ_VAS), activity limitation (EQ5D), body mass index (HE_BMI), and subjective health status (D_1_1).

3.3 Descriptive Statistics

The age distribution of survey respondents showed that people in their thirties and forties were the largest age groups at 29.1% and 25.8%, respectively. For income level, the mid-high income group was the largest group at 36.1%, followed by the high income group at 26.9%. For education level, high school graduates were the most numerous at 47.1%, followed by university graduates, those who did not graduate from primary school, and those who graduated from middle school.

For economic activity, 56.3% of the respondents were employed, while 42.7% of the respondents were either unemployed or belonged to the economically inactive population. As for smoking, 44.5% of the respondents said they smoked, while 55.5% said they were non-smokers. For the number of days per week involving vigorous physical activity, 61.3% said they did not do any vigorous physical activity, a much higher percentage than those who said they exercised. For the number of days per week involving moderate physical activity, 54.3% said they did not do any moderate physical activity, thus showing that many more respondents did not do any exercise than those who did. For the number of days per week involving walking, however, the highest percentage of the respondents at 36.1% said they walked every day (7 days), showing that respondents walked more frequently than they engaged in vigorous or moderate physical activity. As the basic statistics, the closer the mixed land use index is to 1, the more mixed land use is said to be, with the average in this case being calculated to be 0.4973. Compared to the total number of houses, single family housings averaged only 0.0880, whereas apartments averaged 0.6840. The ratio of apartments was thus shown to be generally much higher than that of single family housings. The average park area was shown to be 747,340m^2, and each administrative district had an average of 5.2 parks. The average accessibility to subway stations was 2, while the number of bus stops was 22.7. The average street connectivity was 1.3220 and the length of bike lanes was shown to be 2.1230 km.

The results for health levels are as shown in Table 2. The quality of life (LQ_VAS) was on average 74.45, and the activity limitation (EQ5D) index was on average 0.9585, thereby implying that there were generally almost no restrictions on people's activities. The average body mass index (HE_BMI) was 23.79, generally showing a tendency to be overweight, and the subjective health status (D_1_1) was on average 3.27, showing that respondents considered their health to be slightly above average. The correlation coefficients between health-level variables were all below 0.5, thus failing to show any significant correlation among the variables.

Table 1. Variables

		Variable	Measurement and Coding	Sources
Independent Variable	Individual Attributes	Age	Age (years)	KNHANES IV (2009)
		Quartile income (household)	1. Low 2. Mid-low 3. Mid-high 4. High	
		Education level	1 (Did not graduate from primary school) ~ 4 (Graduated from university)	
		Economic activity status	1 (Employed), 2 (Unemployed, economically inactive population),9 (No information)	

Independent Variable	Individual Attributes	Current status for smoking	1 (Smokes), 2 (Smoked in the past; currently does not smoke)8(Not applicable),9(No information)	KNHANES IV (2009)
		Number of days per week involving vigorous physical activity	1 (None), 2 (One day), 3 (Two days), 4 (Three days), 5 (Four days), 6 (Five days), 7 (Six days), 8 (Every day), 88 (Not applicable), 99 (No information)	
		Number of days per week involving moderate physical activity		
		Number of days per week involving walking		
	Built Environment	Mixed land use index	Level of mixed land use[1]	Map
		Housing type ratio (single family housing, apartment)	Number of Single family housings / Total number of houses Number of apartments / Total number of houses	Korean Statistical Information Service (KOSIS)
		Average residential density	Total number of houses / population*100	KOSIS
		Park area	Area per unit area (km^2)	Map
		Number of parks	Number of parks per unit area (km^2)	Map
		Accessibility to subway stations	Number of subway stations within 2km radius	Map
		Number of bus service routes	Number of bus service routes within 2km radius	Map
		Street connectivity	Street connectivity[2]	Map
		Length of bike lanes (km)	Length of bike lanes	Map

Dependent Variable	Health Level	Subjective health status (D_1_1)	Subjective judgment on one's own health: 1 (Very unhealthy) ~5 (very healthy)	KNHANES IV (2009)
		Quality of life (LQ_VAS)	Quality of life[3]	
		Activity limitation (EQ5D)	Activity limitation$_4$	
		Body mass index (HE_ BMI)	Body mass index (BMI)	

4. Analysis and Results

4.1 Correlation Analysis

For correlation analysis on individual characteristics and built environment variables, a multiple linear regression analysis was carried out and variance inflation factor (VIF) values were subsequently calculated. The results show that, with the exception of the number of parks, all variables had VIF values below 10 and tolerance limit (1/VIF) values below 1, thus showing no problem in their multicollinearity. As shown in Table 3., the results of the correlation analysis at the level of the built environment also show that, except for the single family housing ratio and the apartment ratio, all variables had values below 0.7, thus failing to show any strong correlation. In the analysis, therefore, variables of the apartment ratio and park number were excluded and seven indices were included in the final model.

4.2 Model

To analyze the effect of the built environment on health levels, a multilevel regression model was used. When the analysis data has a hierarchical structure, however, it is not reflected in a normal linear model and there is thus the problem of all variables being analyzed at the same level. It is deemed appropriate, therefore, to carry out a multilevel analysis in order to raise the reliability of the analysis results, separating and analyzing the differences that exist between the individuals purely as a difference between individuals and a difference between groups to which individuals belong. HLM 7.0 was used for the analysis, and the significance level for the analysis was set at 10%. First, the Level 1 individual and household model is as follows: $Y=\beta_{0j} + \beta_{1j}$ (Age) ij + β_{2j} (Income) ij + β_{3j} (Education) ij + β_{4j} (Economic Activity) ij + β_{5j} (Smoking) ij + β_{6j} (Vigorous Physical Activity) ij + β_{7j} (Moderate Physical Activity) ij + β_{8j} (Walking) ij + γ_{ij}. The health level of i–th man in district j can be explained using β_{0j}, the fixed effect of location j, and the individual and household–level regression variables. Next, the Level 2 built environment model is as follows: $\beta_{0j}=\gamma_{00} + \gamma_{01}$ (Mixed Land Use Index) j + γ_{02} (Single Family Housing Ratio) j + γ_{03} (Average Residential Density) j + γ_{04} (Park Area) j + γ_{05} (Accessibility to Subway) j + γ_{06} (Street Connectivity) j + γ_{07} (Length of Bike Lane) j + μ_{0j} and $\beta_{1j} =\gamma_{10}$, $\beta_{2j}=\gamma_{20}$, $\beta_{3j} =\gamma_{30}$, $\beta_{4j} = \gamma_{40}$, $\beta_{5j}=\gamma_{50}$, $\beta_{6j}=\gamma_{60}$, $\beta_{7j}=\gamma_{70}$, $\beta_{8j}=\gamma_{80}$.

In the built environment model, which is a district–level model, β_{0j} is expressed in terms of γ_{00}, representing the population average, the variables for explaining district j, and μ_{0j}, the district level random effect.

When the above individual and household–level model is combined with the district level model to construct a multilevel model, it can be expressed as follows: $Y = \gamma_{00}+ \gamma_{01}$ (Mixed Land Use Index) j + γ_{02} (Single Family Housing Ratio) j + γ_{03} (Average Residential Density) j + γ_{04} (Park Area) j + γ_{05} (Accessibility to Subway) j + γ_{06} (Street Connectivity) j + γ_{07} (Length of Bike Lane) j + γ_{10} (Age) ij + γ_{20} (Income) ij + γ_{30} (Education) ij + γ_{40} (Economic Activity) ij + γ_{50} (Smoking) ij + γ_{60} (Vigorous Physical Activity) ij + γ_{70} (Moderate Physical Activity) ij + γ_{80} (Walking) ij + $\mu_{0j} + \gamma_{ij}$.

Table 2. Descriptive Statistics and Correlation Analysis of Individual Health Status

	Descriptive Statistics		Correlation Analysis			
	Average	Standard Deviation	Subjective Health State (D_1_1)	Quality of Life (LQ_VAS)	Activity Limitation (EQ5D index)	Body Mass Index (HE_BMI)
Subjective Health Status (D_1_1)	3.2745	0.8365	1			
Quality of Life(LQ_VAS)	74.45	17.59	.467**	1		
Activity Limitation (EQ5D index)	0.9585	0.0961	.331**	.410**	1	
Body Mass Index(HE_BMI)	23.7926	3.7071	-.024	.000	-.070	1

**: The correlation coefficient is significant at 0.01 (2-tailed)

4.3 Factors Influencing Individual Health

The results of using the multilevel regression model for each of the four health-level variables and analyzing the effects of individual characteristics and built-environment variables on health are as shown in Table 4. It skips over the results of the Null Model (Model 1), which does not include any explanatory variables, and Model 2, which includes individual characteristics. The table shows the results from the Full Model (Model 3), which was found to have the highest level of reliability due to the addition of builtenvironmentvariables. Regarding the subjective health status and individual characteristics variables, these had a positive correlation with the number of days per week involving vigorous physical activity. The analysis results show that respondents subjectively felt that their health was better when they engaged in more vigorous physical activity. Other variables did not show any statistically significant correlations. With built-environment attributes, subjective health state had a positive correlation with accessibility to subway stations but had no statistically significant correlation with any other variable, thus showing that the built environment and subjective health state may not be correlated.

Regarding the quality of life and individual characteristics variables, these had statistically significant correlations with education level and the number of days per week in which walking occurs. A detailed examination shows that respondents perceived their quality of life to be higher when their level of education was higher and the number of their walks for over 10 minutes per week was greater. Quality of life was also found to have statistically significant correlations with the ratio of single family housings, accessibility to subway stations, and the length of bike lanes, thus showing that quality of life and the built environment were intimately connected. Regarding the activity limitation and individual characteristics variables, these had statistically significant correlations with age and economic activity status. Activity limitation was lower when the age was younger and there was more economic activity. With built-environment attributes, no variables were found to have any statistically significant correlation with activity limitation, showing that it was affected more by individual and household attributes than by the built environment.

Table 3. Correlation Analysis

Category	Mixed land use index	Single family housing ratio	Apart-ment ratio	Average residential density	Park area	Number of parks	Accessibility to subway stations	Number of bus stops	Street connectivity	Length of bike lanes
Mixed land use index	1									
Single family housing ratio	0.560	1								
Apartment ratio	-0.523	-0.84**	1							
Average residential density	-0.264	-0.309	0.366	1						
Park area	0.481	0.525	-0.495	-0.529	1					
Number of parks	-0.344	-0.213	0.139	-0.052	0.418	1				
Accessibility to subway stations	-0.522	-0.441	0.198	0.153	-0.139	0.358	1			

Number of bus stops	0.448	0.056	-0.041	-0.187	0.292	0.121	-0.311	1		
Street connectivity	0.048	0.000	-0.174	0.172	0.237	0.637*	0.046	.353	1	
Length of bike lanes	0.218	-0.210	0.380	-0.225	0.243	0.290	-.409	0.700*	0.065	1

**: The correlation coefficient is significant at 0.01 (2-tailed)
*: The correlation coefficient is significant at 0.05 (2-tailed)

Regarding the body mass index and individual characteristics variables, these had statistically significant correlations with age and the amount of vigorous physical activity. The body mass index was lower when the age was younger and there was more vigorous physical activity in a week. With built environment attributes, no variables were found to have any statistically significant correlation with body mass index, showing that, like activity limitation, it also was affected more by individual and household attributes than by the built environment.

Table 4. Multilevel Regression Model Analysis Results

Variable		Subjective Health Status (D_1_1)		Quality of Life (LQ_VAS)		Activity Limitation (EQ5D index)		Body Mass Index (HE_BMI)	
		Coef.	P-value	Coef.	P-value	Coef.	P-value	Coef.	P-value
Constants		3.264***	<0.001	74.912***	<0.001	0.942***	<0.001	23.835***	<0.001
Level 1: Individual Characteristics	Age	-0.003	0.392	-0.114	0.144	-0.002***	<0.001	0.029*	0.094
	Quartile income	0.015	0.781	1.354	0.220	0.005	0.394	-0.044	0.856
	Education level	0.074	0.247	2.176*	0.095	0.007	0.319	0.188	0.510
	Economic activity status	-0.037	0.702	-0.032	0.987	0.027***	0.009	-0.365	0.397
	Smoking status	0.068	0.448	-0.360	0.845	-0.003	0.793	0.608	0.134
	Number of days per week involving vigorous physical activity	0.066**	0.017	0.426	0.447	0.001	0.624	0.289**	0.019
	Number of days per week involving moderate physical activity	0.021	0.382	0.535	0.270	-0.001	0.688	0.145	0.172
	Number of days per week involving walking	0.029	0.123	0.658*	0.092	0.003	0.163	-0.058	0.495

Level 2: Built Environment	Mixed land use index	-0.237	0.460	-	-	-0.017	0.768	0.726	0.760
	Single family housing ratio	1.312	0.138	54.289**	0.021	-0.024	0.892	6.226	0.431
	Average residential density	-	-	-	-	0.000	0.858	0.003	0.969
	Park area	-	-*	-	-	0.000	0.776	-0.005	0.613
	Accessibility to subway stations	0.073*	0.072	2.088**	0.045	0.000	0.972	0.305	0.348
	Street connectivity	-0.693	0.271	-12.446	0.438	-0.176	0.248	5.566	0.341
	Length of bike lanes	0.058	0.125	2.310**	0.030	0.002	0.797	0.202	0.517
Variance of District-level		0.015	>0.500	2.309	0.142	0.018	0.098	0.738	0.095
Variance of Individual-level		0.816		16.625		0.088		3.640	
-2RLL (deviance)		907.78		2986.290		-592.630		1946.304	
Random Effect Parameter Estimates		2		2		2		2	
log-likelihood		-4.54E+02		-1.49E+03		2.96E+02		-9.73E+02	

*: 0.1 significance level, **: 0.5 significance level, ***: 0.01 significance level

5. Discussions

For most of the twentieth century in western countries, conventional development patterns promoted automobile dependency, disconnected street networks, monotonous land use, and other norms that are now thought to be associated with increased environmental burdens and increased health problems. Since planners and public health professionals began to study the built environment, a growing body of evidence is suggesting that certain types of features are associated with increased physical activity and the improvement in the overall health status of individuals and communities. The analysis results of this study are as follows. Our results on the correlation between individual characteristics and health showed that the individual characteristics variables of age, education level, economic activity status, the number of days per week involving vigorous physical activity and the number of days involving walking were significantly correlated statistically with at least one of the four health indices.

With income level, smoking status and the number of days per week involving moderate physical activity did not show any statistically significant correlation in any of the analysis models. Regarding age, it was statistically significant with the two models of activity limitation and body mass index. In other words, older respondents had more activity limitation and the body mass index also tended to be associated with being overweight. Education level and quality of life had a positive relationship, indicating that respondents tended to associate a higher education level with a higher quality of life.

The analysis results on age and education level are similar to the research results reported by Seong (2011). Economic activity status was found to be statistically significant only in the activity limitation analysis model. This likely means that positive economic activity stemmed from employment, which would require a greater level of activity. These results match those of existing public health studies. The number of days per week involving vigorous physical activity was found to be significant in the subjective health state and body mass index analysis models, which shows the tendency of respondents to see their health level as generally increasing. Also, the number of days per week involving walking was statistically significant in the quality of life analysis model, which shows that those who walked more felt their quality of life to be higher. Lastly, the analysis results showing that higher numbers for vigorous physical activity were associated with higher health levels match the analysis results of existing studies (Frank and Engleke, 2001; Frank et al., 2006; Scott et al., 2006; Lee and Ahn, 2008b; Kim, 2008; Seong, 2011)

The analysis for the community-built environment and health showed that the ratio of single family housings, accessibility to subway stations, and the length of bike lanes had statistically significant correlations with at least one or more health index models.

However, the mixed land use index, average residential density, park area, and street connectivity were not shown to be statistically significant in any of the models. These results are noteworthy because they differ from the results of some existing studies in western countries (Saelens et al., 2003; Kelly-Schwartz et al., 2004), which state that the mixed land use index, density and street connectivity influence health. One possible explanation is that in Korea, concepts such as mixed land use index and density are situated in a very different housing environment in comparison to suburban regions in the U.S.

Accordingly, when examining the correlation between built environment variables and health, the results of this paper will need to be compared to studies that have used data from within Korea. Examining the variables that have shown statistical significance, it can be seen that respondents felt their quality of life was higher when the ratio of single family housings was higher. This differs from the results presented by KellySchwartzet al. (2004) that a higher ratio of single family housings correlates with lower health status. The reason for this difference may be that, in Korea, the settlement environment is better in locations where the ratio of low-density single family housings is high than in locations of high-density apartments, with residents of such single family housing neighborhoods thus feeling that the state of their health will improve. Accessibility to subway stations shows positive correlations with subjective health status and quality of life, while the length of bike lanes shows a positive correlation with quality of life. These analysis results are similar to those in existing studies (Frank and Engleke, 2001; Kelly-Schwartz et al., 2004; Kim and Kang, 2011; Seong, 2011; Lee, 2011), which state that health level is higher when the lengths of bike lanes are longer and the accessibility to subway stations is greater.

This result likely means that people who live in communities where the accessibility to subway stations is high will more likely exercise by walking or pursue other physical activities, and the lengths of bike lanes will lead to leisure activities involving bicycles, which will ultimately exert a positive influence on the quality of life.

6. Conclusion

This paper examined how individual characteristics and built environment variables in a community were correlated to individual health levels. The results reveal that, with the exception of some variables, the correlations between individual health levels and the individual characteristics and community-built environment variables were statistically significant in much the same way as the research results reported in western countries. The findings in this paper suggest the important role of urban planning and public health, and they will contribute to designing healthy cities, sustaining healthy environments, and encouraging healthy communities.

The implications of this study are as follows. First, in researching the built environment and health, South Korea's environment is seen to be very different from that of other countries. Therefore, rather than accepting the results of studies done in western countries asis,various detailed studies need to be carried out that consider built environments in Korea. Second, considering that variables such as walking and bicycling which increase physical activity can exert a positive influence on the promotion of health, we need to create a pedestrian-friendly community environment that can promote health by increasing physical activity. Lastly, in creating a healthy community, the work of improving the built environment within the community also needs policy and institutional support. In fact, there has been a recent movement to make public health a direct concern of cities' general plans. Cities such as Richmond, California have adopted health elements into their General Plan (Kelly, 2009).

An important truth is that, while creating and managing a city, planners will consider some factors as more important than others as they sift through the many various elements that enhance the health of residents and the urban space will change according to the choices they make and how they plan to create their city. At times, some of those major factors that planners are considering could conflict and collide. That is why the effort to create and manage a healthy city needs to be supported and validated by research based on objective and verifiable data. That is the job of those of us who deal with urban planning. Urban planners need to understand that we have the power to improve or harm health. Development pattern does modify health risks and, therefore, planning decisions should incorporate what is known about the built 178 JAABE vol.13 no.1 January 2014 Suji Anenvironment and public health. Creating a healthy urban environment has to be perceived in everyday urban living as important. The effort to create a healthy community cannot become a cure-all, but if consideration could be given at the beginning stages to having an approach to urban planning that would at least prevent the creation of unhealthy urban spaces, it would contribute to producing healthier and more sustainable cities.

Notes

[1] Land use mixed index is measured by entropy index reflecting the evenness of distribution of 4 types of land use with the area. The level has a value between 0 and 1. A value close to 1 show the mixed and use index is high.

[2] The connectivity index is calculated by dividing the number of street links by the number of street nodes.

[3] LQ_VAS is a rating scale for evaluating qualifies of life by visual analogue scale from 0 to 100.

[4] EQ−5D is a standardized instrument for use as a measure of health outcome.

References

1) Boarnet, M. (2006) Planning's Role in Building Healthy Cities: An Introduction to the Special Issue, Journal of the American Planning Association, 72(1), pp.5−9.

2) Cannuscio C., Block J. and Kawachi I. (2003) Social Capital and Successful Aging: the Role of Senior Housing, Annals of Internal Medicine, 139(5 part 2), pp.395−399.

3) City of New York (2012) Active Design Guideline, New York.

4) Corburn, J. (2004) Confronting the Challenges in Reconnecting Urban Planning and Public Health, American Journal of Public Health, 94, pp.541−546.

5) Ding, D. and Gebel, K. (2012) Built environment, Physical activity, and Obesity: What Have We Learned from Reviewing the Literature? Health and Place, 18, pp.100−105.

6) Doyle, S. et al. (2006) Active Community Environments and Health: The Relationship of Walkable and Safe Communities to Individual Health, Journal of the American Planning Association, 72(1), pp.19−31.

7) Durkheim, E. (1951) Suicide: A Study in Sociology, The Free Press.

8) Ewing, R. et al. (2003) Relationship between Urban Sprawl and Physical Activity, Obesity, and Mortality, American Journal of Health Promotion, 18(1), pp.47–57.
9) Frank, L. D. and Engleke, P. O. (2001) The Built Environment and Human Activity Patterns: Exploring the Impacts of Urban Form on Public Health, Journal of Planning Literature, 16(2), pp.202–281.
10) Frank L. D. and Engelke P. O. (2005) Multiple Impacts of the Built Environment on Public Health: Walkable Places and the Exposure to Air Pollution, International Regional Science Review, 28(2), pp.193–216.
11) Frank, L. D. et al. (2006) Many Pathways from Land Use to Health: Associations between Neighborhood Walkability and Active Transportation, Body Mass Index, and Air Quality, Journal of American Planning Association, 72(1), pp.75–87.
12) Jackson, R. (2003) The Impact of the Built Environment on Health: An Emerging Filed, American Journal of Public Health, 93, pp.1382–1384.
13) Je, H. and Lee, J. (2010) A Study on the Impact of High–rise Living on the Health of Residents, Journal of Asian Architecture and Building Engineering, 9(2), pp.331–338.
14) Kim, E. (2008) Effects of Built Environmental Factors on Perceived Health Status and Health Disparity, The Korea Spatial Planning Review, 59, pp.203–222.
15) Kim, E. and Kang, M. (2011) Effects of Built Environmental Factors on Obesity and Self–reported Health Status in Seoul Metropolitan Area Using Spatial Regression Model, The Korea Spatial Planning Review, 68, pp.85–98.
16) Kelly, E. (2009) Community Planning: an Introduction to the Comprehensive Plan. Washington D.C.: Island Press.
17) Kelly–Schwartz, A. C. et al. (2004) Is Sprawl Unhealthy? A Multilevel Analysis of the Relationship of Metropolitan Sprawl to the Health of Individuals, Journal of Planning Education and Research, 2492, pp.184–196.
18) KIHASA. (2010) Korea National Health and Nutrition Examination Survey in 2009.
19) KRIHS. (2010) Study on the Spatial Planning and Public Policies for Creating a Healthy City, Seoul: Korea.

20) Lee, C. and Moudon A. V. (2004) Physical Activity and Environment Research in the Health Field: Implications for Urban and Transportation Planning Practice and Research, Journal of Planning Literature,19(2), pp.147-181.
21) Lee, K. and Ahn, K. (2008a) An Empirical Analysis of Neighborhood Environment Affecting Residents' Walking, Journal of Architectural Institute of Korea, 24(6), pp.293-302.
22) Lee, K. and Ahn, K. (2008b) Effects of Neighborhood Environment on Residents Health, Journal of Korea Planners Association, 43(3), pp.249-261.
23) Lee, S. (2011) Research Trends and Limitations of the Integrated Study of Urban Planning and Public Health for a Healthy Community, Seoul Studies, 11(2), pp.15-33.
24) Leyden, K. (2003) Social Capital and the Built Environment: The Importance of Walkable Neighborhoods, American Journal of Public Health, 93, pp.1546-1551.
25) Lopez, R. P. (2012) The Built Environment and Public Health. Jossey-Bass.
26) Min, B., Heo., H. and Lee, H. (2006) Children's Behavioral and Conceived Domains in Neighborhood Environment, Journal of Asian Architecture and Building Engineering, 5(1), pp.83-90.
27) Saelens, B. E. et al. (2003) Neighborhood-Base Differences in Physical Activity: Environment Scale Evaluation, American Journal of Public Health, 93, pp.1552-1558.
28) Schilling, J. and Linton, L. S. (2005) The Public Health Roots of Zoning: In Search of Active Living's Legal Genealogy, American Journal of Preventive Medicine, 28(2S2), pp.96-104.
29) Sloane, D. C. (2006) From Congestion to Sprawl: Planning and Health in Historical Context, Journal of the American Planning Association, 72(1), pp.10-18.
30) Sung, H. (2011) A Study on the Impacts of Residential Neighborhood Built Environment on Personal Health Indicators, Journal of Korea Planners Association, 46(3), pp.235-251.
31) Zhu, X. and Lee, C. (2009) Correlates of Walking to School and Their Implications for Health and Equity, Journal of Public Health Policy, 30, pp.S177-S202.

03 팬데믹 관련 논문 PPT

▶ MASASHI SOGA etc. 2021. A room with a green view: the importance of nearby nature for mental health during the COVID-19 pandemic. Ecological Applications, 31(2), e02248

A room with a green view: The importance of nearby nature for mental health during the COVID-19 pandemic

Masashi Soga, Maldwyn J. Evans, Kazuaki Tsuchiya, Yuya Fykano

2 Introduction

코로나19로 인한 영향

코로나19로 인한 사회적 거리두기 권장 및 의무화

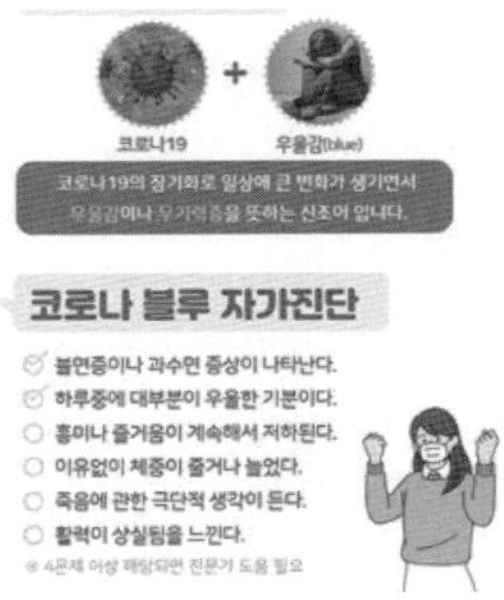

우울증 및 외로움 증가

코로나19 감염에 대한 두려움, 우울증, 외로움 증가 등 사람들의 정신 질환을 초래할 가능성이 있음

4

2 Introduction

녹지공간이 정신적 건강에 끼치는 영향

직접적인 경험

- COVID-19 대유행이후 도시 그린스페이스 (예: 공원, 숲) 의 사용이 크게 증가 (Derks etal,2020 ; Venter etal. 2020)
- 녹지 공간이 도시 거주민에게 중요한 보건 자원 역할을 할 수 있음 (Slater, 2020)

간접적인 경험

- 사람들이 자연 환경을 물리적으로 방문할 필요 없이 가정 내에서 자연으로부터 정신 건강 혜택을 받을 수 있음(Russell et al. 2013, Cox et al. 2017b)
- 창문을 통한 자연관은 생활 만족도 및 웰빙 증가, 주의력 회복 및 스트레스 회복과 같은 광범위한 정신 건강 개선 결과와 관련이 있음 (Dravigne et al. 2008, Gilchrist et al. 2015, Li and Sullivan 2016, Chang et al. 2020)

주변 자연공간(직접+간접) 모두 정신 건강에 긍정적인 역할을 할 수 있음

5

2 Introduction

코로나19로 인한 영향

코로나19로 인한 사회적 거리두기 권장 및 의무화

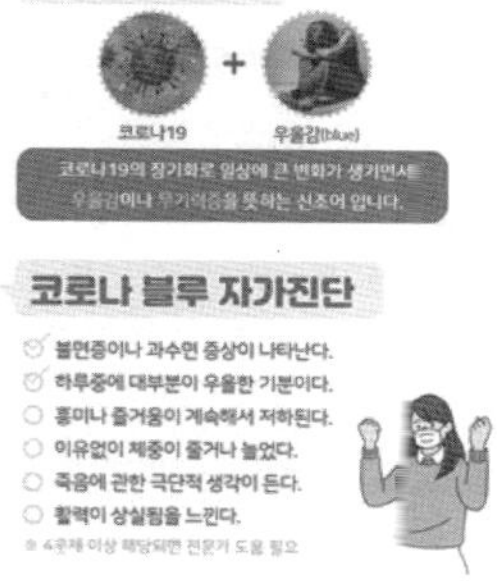

우울증 및 외로움 증가

코로나19 감염에 대한 두려움, 우울증, 외로움 증가 등 사람들의 정신 질환을 초래할 가능성이 있음

4

2 Introduction

녹지공간이 정신적 건강에 끼치는 영향

직접적인 경험

- COVID-19 대유행이후 도시 그린스페이스 (예: 공원, 숲) 의 사용이 크게 증가 (Derks etal,2020 ; Venter etal. 2020)
- 녹지 공간이 도시 거주민에게 중요한 보건 자원 역할을 할 수 있음 (Slater, 2020)

간접적인 경험

- 사람들이 자연 환경을 물리적으로 방문할 필요 없이 가정 내에서 자연으로부터 정신 건강 혜택을 받을 수 있음(Russell et al. 2013, Cox et al. 2017b)
- 창문을 통한 자연관은 생활 만족도 및 웰빙 증가, 주의력 회복 및 스트레스 회복과 같은 광범위한 정신 건강 개선 결과와 관련이 있음 (Dravigne et al. 2008, Gilchrist et al. 2015, Li and Sullivan 2016, Chang et al. 2020)

주변 자연공간(직접+간접) 모두 정신 건강에 긍정적인 역할을 할 수 있음

5

2 Introduction

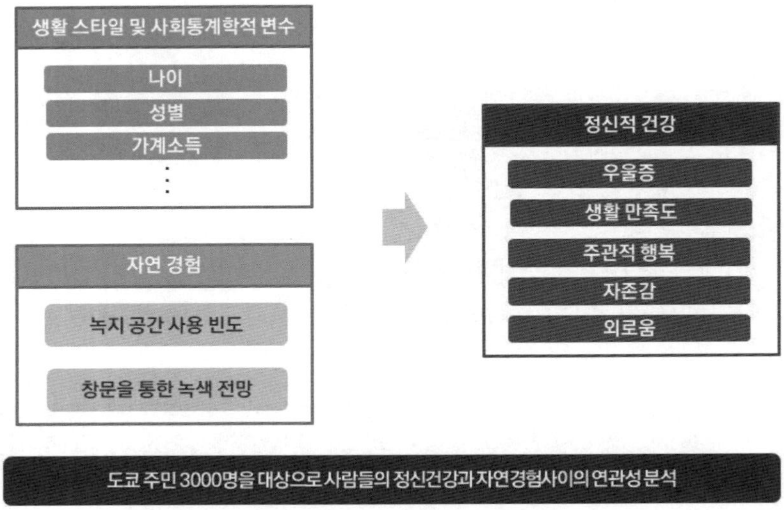

6

3 Methods

Study Area

- 도쿄의 인구는 약 1,400만 명이고 면적은 2,194 km²
- 도쿄는 2020년 4월 7일부터 5월 25일까지 COVID-19 위기로 인해 비상사태에 처해짐
- 사람들은 불필요한 여행을 삼가도록 요청 받았고 학교와 기업들은 필요하지 않은 한 문을 닫도록 요청 받음
- 이 조치가 법적 강제사항은 아니기 때문에 놀이터와 주차장 같은 공원 내의 일부 시설은 폐쇄되었지만, 사람들은 여전히 공공 공원을 자유롭게 이용할 수 있었음

Survey Design

- 시장조사업체(일본 라쿠텔인사이트)를 통해 데이터베이스에 등록된 성인 3000명을 대상으로 6월초에 온라인 설문조사 실시
- 정신 건강과 자연 경험 사이의 세 가지 측면 평가
  - ① 정신건강(우울증과 불안, 자존감, 삶의 만족도, 주관적 행복, 외로움)
  - ② 자연 경험(녹지 공간의 사용 빈도, 주거공간의 녹지 전망 유무)
  - ③ 생활방식 및 사회적 정보(흡연 빈도, 음주 빈도, 연령, 성병, 연간 가구 소득)
- 참가자들에게 주거지 주변 녹지 환경을 평가할 수 있도록 현재 거주하는 지역의 우편번호 제공

7

3 Methods

Mental Health

정신 건강 결과	사용된 심리 지표	질문 예시	정신 건강 척도	답변 스케일
자부심	Rosenberg Self-Esteem Scale (Rosenberg 1965)	• "나는 전반적으로 나 자신에 만족합니다." • "나는 내 자신이 대견할 것이 별로 없다고 느낍니다."	Positive	10개 항목에 대해 0(매우 동의하지 않음)-4점(매우 동의함)으로 평가 부정적인 항목 역산 0-40까지의 범위로 합산
삶의 만족도	Liang's (1984) version of the Life Satisfaction Index A (Neugarten et al. 1961)	• 지금이 내 인생에서 가장 우울한 때라고 말했다. • "나는 할 수 있다고 해도 전생을 바꾸지 않을 것입니다."	Positive	11개 항목에 동의하는 정도를 3점 만점으로 평가 (0 : 비동의 / 2: 동의) 0~22점까지의 범위로 합산
주관적 행복	Subjective Happiness Scale (Lyubomirsky and Lepper 1999)	• "일반적으로, 나는 나 자신을 ...라고 생각한다." • "어떤 사람들은 일반적으로 매우 행복합니다. 그들은 무슨 일이 일어나든 모든 것을 최대한 활용하면서 인생을 즐긴다. 이러한 상황이 당신을 어느 정도 묘사하고 있습니까?"	Positive	4개 항목에 대해 7점 만점으로 평가 요구 (1: 매우 불행함/7:매우 행복함) 최소 4에서 최대 28까지 범위로 합산
외로움	UCLA Loneliness Scale (Version 3) (Russell 1996)	• "얼마나 자주 혼자라고 느끼세요?" • "얼마나 자주 사람들과 친하다고 느끼나요?"	Negative	20개 항목에 대해 4점 척도로 측정 (1:절대 하지 않는다/4 :자주 그런다) 최소 20점에서 최대 80까지 합산
우울 & 걱정	12-item General Health Questionnaire (Goldberg and Williams 1988)†	• "최근에 여러분이 하고 있는 일에 집중할 수 있었나요? • "최근에 걱정 때문에 잠을 많이 못 잤나요?"	Negative	12개 항목에 대해 유무로 평가(1: 있다 / 0: 없다) 최소0에서 최대12으로 평가

8

3 Methods

Mental Health

- **각 응답자에 대해 녹지공간 사용 빈도, 녹지공간 사용 기간, 집에서 창문을 통한 녹색 전망 유무의 세가지 측정값을 생성**

정신 건강 결과	질문 예시	답변 스케일
녹지 공간 이용빈도	• 지난 달 동안(예: 5월), 인근 그린스페이스 (예: 공원, 삼림, 초원)에 총 며칠 동안 방문했습니까?	0-31일 사이의 범위를 가질 수 있음
녹지공간 이용기간	• 지난 한 달 동안(즉, 5월), 일주일에 평균 주위 녹지공간에서 얼마나 많은 시간을 보냈습니까?	시간 없음; 1시간 미만; 1-2시간; 2-4시간; 4시간 – 6시간; 6~8시간 8~10시간; 10~12시간; 12시간 이상 **1)**
집에서 창문을 통한 녹색 전망 유무	• 당신의 집에는 당신이 집이나 방에서 녹색 전망이 보이십니까?	Green view/no green view **2)**

1) 분석을 위해 연속변수 (0, 0.5, 1.5, 3, 5, 7, 9, 11, 12)로 변환

2) 가로수, 정원수, 공원, 삼림지대가 녹색 조망권에 포함

9

3 Methods

Lifestyle and sociodemographic factors

- 사람들의 정신 건강에 잠재적으로 영향을 미칠 수 있는 몇 가지 라이프스타일 및 사회통계학적 변수를 수집
- 생활습관 변수에는 흡연과 음주의 빈도, 주당 근무일수, 애완동물의 존재 여부, 가정 내 아이의 수 등이 포함
- 사회통계학적 변수에는 성별, 연령, 연간 가구 소득 및 주택 유형이 포함
- 사회통계학과에서는 응답자에게 추가로 사회통계학적 변수로 사용된 COVID-19 위기로 인한 소득 변화 정도를 보고하도록 요청

범주	변수	답변 스케일
생활 양식 변수	흡연 빈도	0: 없음; 1: 한 달에 한 번 미만; 2: 한 달에 한 번 또는 두 번; 3: 한 달에 2~3회; 4: 일주일에 1~2회; 5: 일주일에 3~4번; 6: 일주일에 5~6번; 7: 매일
	음주 빈도	
	주간 근무 횟수	최소0 최대7일로 평가할 수 있음
	애완동물 유무	1 : 유; 0:무
	가정내 아이 수	0: 없음; 1: 1명; 2: 2명; 3:3명; 4:4명; 5:5명; 6: 5명이상
사회 경제적 변수	성별	남성 ; 여성
	나이	출생 년도
	연간 소득	1: 300만엔 이하; 2:300만엔-500만엔 3: 500만엔-700만엔 4: 700만엔-1000만엔 5: 1000만엔-1500만엔; 6: 1500만엔 이상
	주거 유형	자가 주택; 자가 다가구, 임대 주택; 임대 다가구; 기타
	코로나19로 인한 임금변화	1, 크게 증가(배 이상), 2, 다소 증가(약간 증가) 3개, 약간 증가, 4개, 일반적으로 변하지 않음, 5개, 약간 감소. 6, 다소 감소, 7, 크게 감소 (2분의 1 미만)

10

3 Methods

Neighborhood greenness

- 각 응답자에 대해 근린환경의 녹색도 측정
- 응답자의 우편번호 중심 주위에 있는 250m 버퍼 내에서 NDVI(Normalized difference vegetation index) 계산
- 모든 공간 분석은 QGIS 3.10버전을 사용하여 수행

Statistic Analysis

- 그린스페이스 사용 빈도와 지속 시간은 높은 상관관계를 가지고 있기 때문에(r(2,998) = 0.696, P < 0.0001) 후자의 분석에서는 빈도만 사용하였고 이 변수를 "녹지공간 사용"이라고 명명함
- 정신 건강 결과를 예측하는 핵심 요인을 결정하기 위해 우리는 정신 건강 지표를 종속 변수로 사용하고 녹지 이용 경험, 근린 녹지 환경(NDVI), 생활 방식 및 사회경제적 변수로 독립변수로 사용하여 선형 모델(LM)을 적용
- 직접 비교를 위해 모든 연속된 독립 변수와 종속변수의 값을 평균이 0이고 표준 편차가 1이 되도록 정규화
- 작은 표본 크기에 대해 보정된 Akaike의 Information Criteion을 사용하여 모델 평균화 절차를 수행
- 모든 모델에 대해 모든 예측 변수 및 형상별 모델 평균을 포함하는 전체 모델의 모든 부분 집합을 적합시킴
- 모형의 부분 집합에 걸쳐 평균을 낸 후, 우리는 각 설명 변수에 대한 평균 추정치와 95% 신뢰 구간을 계산했다.
- 결과를 효과 크기로 표시하고 95% 신뢰 구간이 제로 효과 선을 넘지 않는 경우 예측 변수를 유의한 것으로 해석 패키지 사용을 포함한 분석 및 플로팅에 R 버전 4.0.2를 사용

11

4 Results

Data description

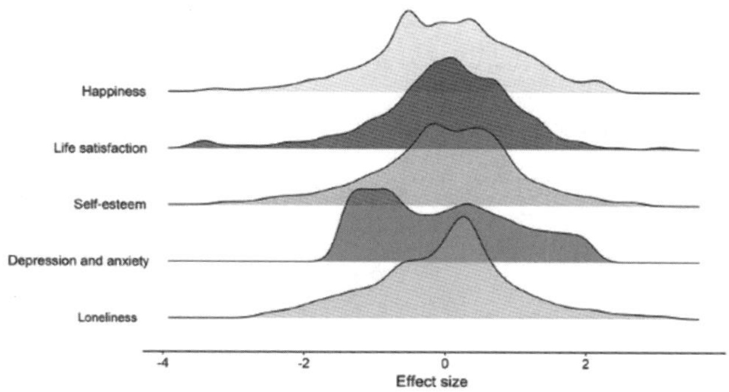

응답자들의 정신 건강은 응답자에 따라 다양하게 나타남

12

4 Results

Data description

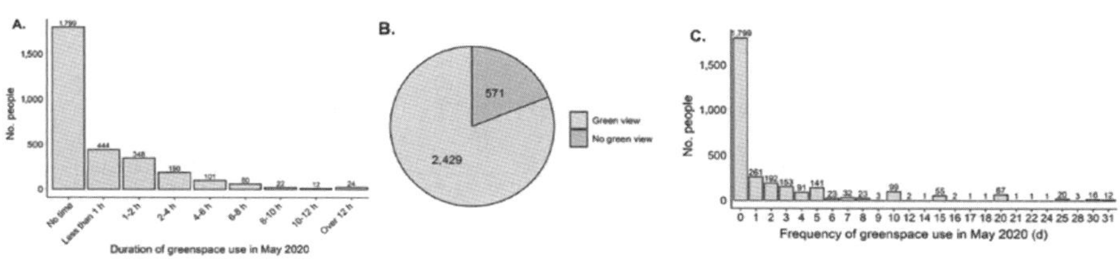

- 남성과 여성 참가자의 숫자는 동일(각 1,500명).
- 3,000명의 참가자들 중 5가지 정신 건강 결과에서 현저한 차이가 있음
- 녹지공간의 사용 빈도는 참가자들마다 매우 다양했지만,
  대다수의 사람들은 2020년 5월에 녹지공간을 방문하지 않음
- 참가자의 약 81%는 그들의 자연 경관을 가지고 있는 집이 있다고 보고

13

4 Results

Factors associated with mental health

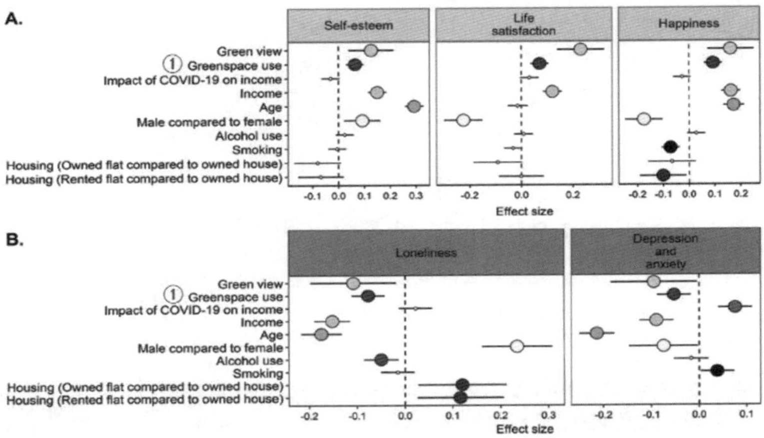

14

4 Results

Factors associated with mental health

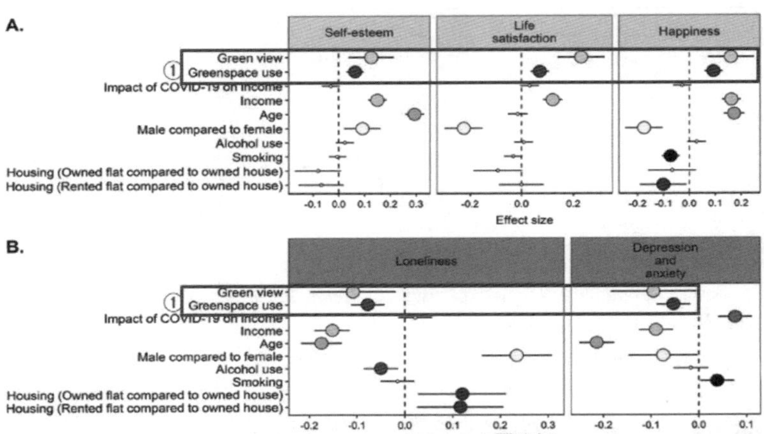

① 녹지 경험은 사람들의 모든 정신적 건강 지표에 연관성을 지님

15

4 Results

Factors associated with mental health

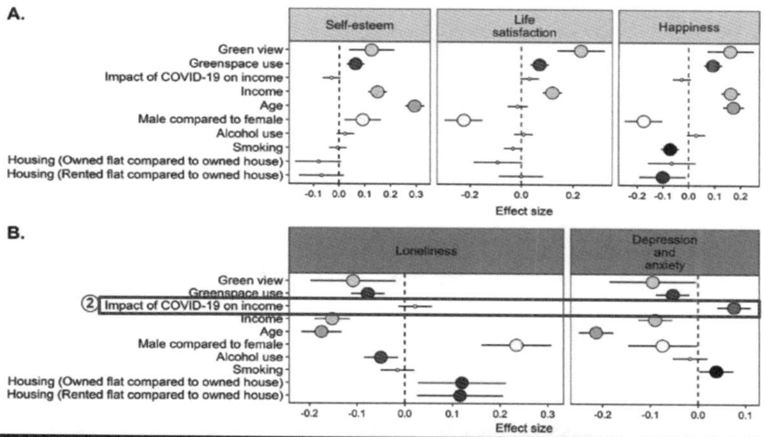

② 코로나19로 인한 임금 변화와 우울증과 걱정 간에는 양의 상관 관계가 있음

16

4 Results

Factors associated with mental health

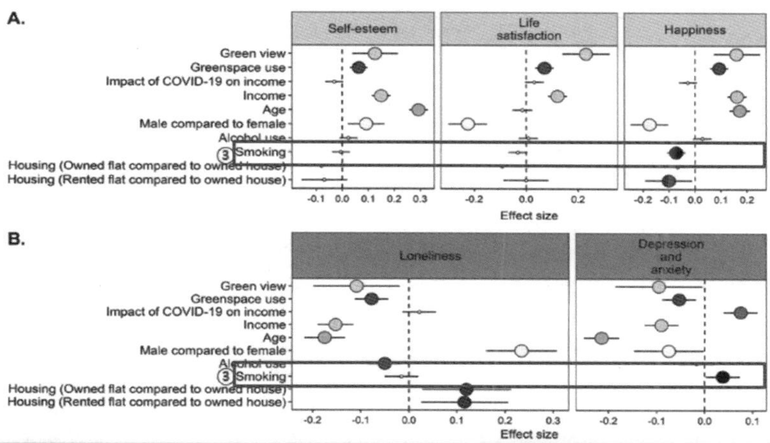

③ 흡연 빈도와 응답자의 행복감에 음의 상관관계가 있고
불안과 걱정 간에는 양의 상관관계가 있음

17

4 Results

Factors associated with mental health

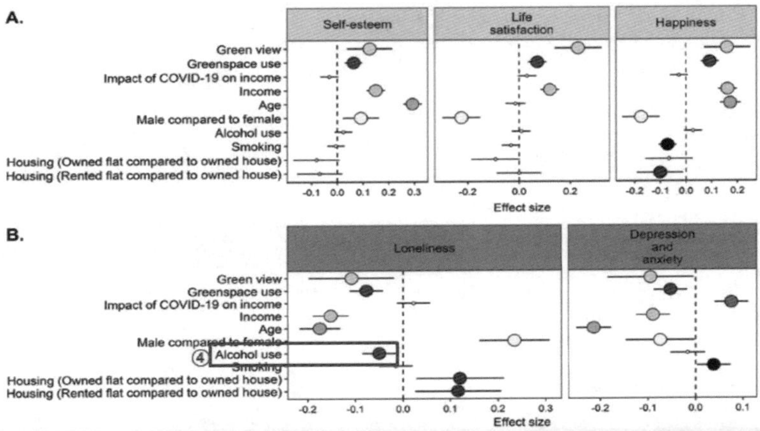

④ 음주 빈도와 응답자의 외로움 간에는 음의 상관관계가 있음

18

4 Results

Factors associated with mental health

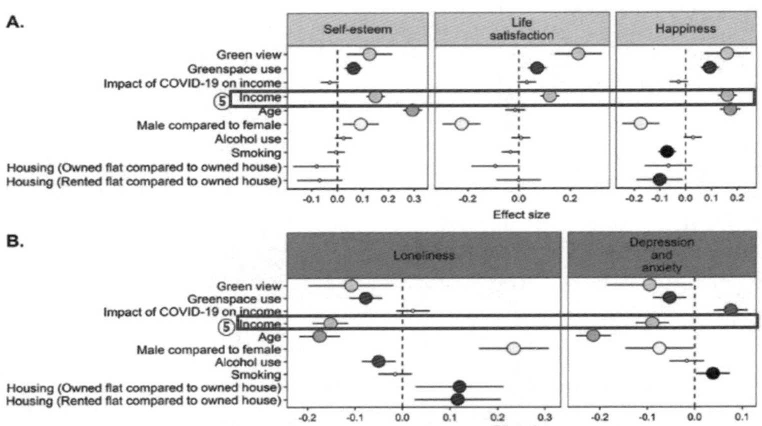

⑤ 소득은 사람들의 모든 정신적 건강 지표에 연관성을 지님

19

4 Results

Factors associated with mental health

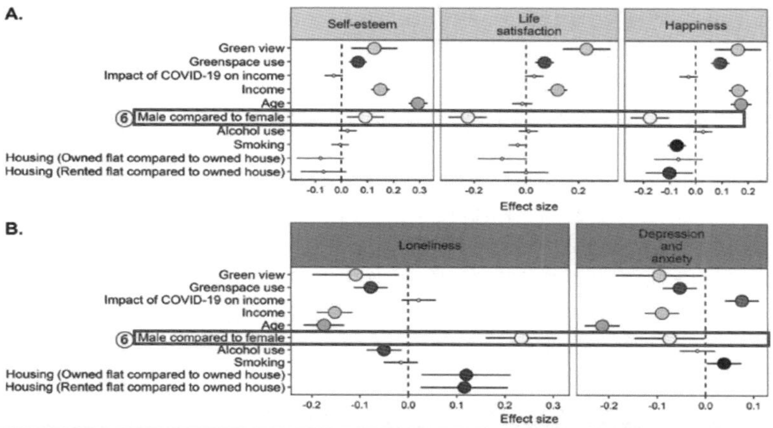

⑥ 남성은 여성보다 자존감이 높고 삶의 만족도와 행복감은 더 낮은 경향이 있고 외로움을 더 느끼고 우울증과 걱정은 덜 하는 경향이 있음

20

4 Results

Factors associated with mental health

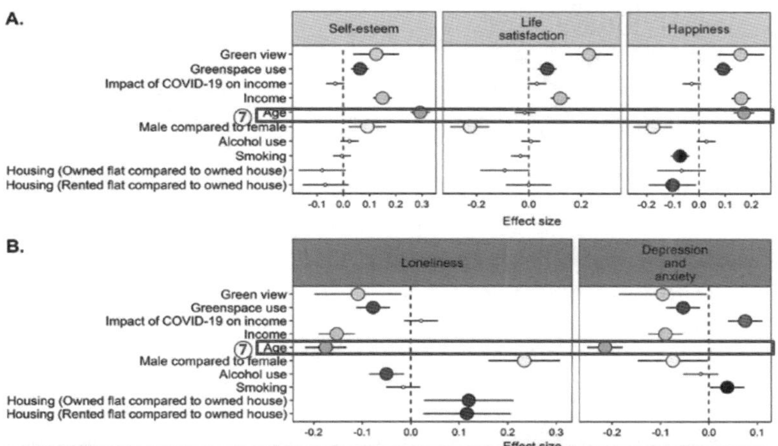

⑦ 노인들은 젊은 사람들보다 자존감과 행복감이 더 높고 외로움과 우울증을 덜 겪는 경향이 있음

21

5 Discussion

Key finding

- COVID-19 전염병은 전 세계 대부분의 사람들에게 스트레스를 주는 환경을 조성함(Galea et al. 2020).
- 자연의 경험들이 스트레스를 많이 받는 시간 동안, 혹은 적어도 상황을 악화시키지 않는 데 도움이 될 수 있다는 것을 증명함
- 자부심, 삶의 만족도, 주관적인 행복의 정도가 집 주변의 녹색 공간 사용 빈도와 집의 창문을 통한 녹색 조망과 긍정적인 관련이 있다는 것을 발견
- 녹지공간 자주 이용하고 녹색 전망의 집에서 사는 사람들은 외로움과 우울함,불안감이 감소하는 것을 보여줌
- 이러한 결과는 도시 자연이 도시민의 건강 개선을 위한 "자연 기반 솔루션"으로 사용될 수 있음을 시사 (Van den Bosch 및 Sang 2017)

- 녹지공간 사용이 정신 건강 결과를 촉진하는 몇 가지 가능한 작용이 있음
  1. 자연과의 직접적인 상호작용으로 인한 건강상의 이점이다
  2. 녹지공간 사용은 사람들이 신체 운동을 하도록 장려할 가능성이 높으며, 이는 다시 정신 건강 개선에 기여한다(Pretty et al. 2005).
  3. 도시 녹지공간이 외로움을 개선하고 복지를 개선할 가능성이 높은 지역 사회의 다른 구성원(예: 친구)과 상호 작용할 기회를 제공한다.

  =)세가지 작용이 서로 독립적으로 작용하지 않고 시너지 효과를 낼 가능성이 있다.

5 Discussion

Key finding

직접적인 경험

대부분의 다른 연구 〉

《 본 연구

간접적인 경험

- 대부분의 다른 연구들과 다르게 본 연구는 자연에 대한 간접적인 경험이 직접적인 경험보다 영향이 큰 것으로 나타남
  1. 코로나19로 인해 집에 있는 시간이 많았기 때문에 간접적인 경험이 직접적인 경험보다 훨씬 많았을 수 있음
  2. 설문조사의 시기가 영향을 끼쳤을 수 있음
     (일본에서 5월 날씨가 제일 좋은 시기로 사람들은 창문을 열거나 근처의 자연을 더 경험했을 수 있음)
  1. 창문을 통한 녹색 전망의 존재는 근린의 녹지 환경을 측정하는 기준이 될 수 있음

  ⇒실제로 본 연구에서 도출한 선형 모델에서도 녹지 경관 유무와 NDVI의 결과가 크게 연관성을 지님

  - 녹지 경관이 정신적 건강에 직접적인 영향을 미칠 경우, 도시의 녹지 정책에서 단순히 가로수 및 녹지공간의 면접에 대한 고려보다 사람들의 개인화된 자연 수준 극대화를 위한 녹지 구성요소의 배치를 조정하는 데 초점

  =) 이를 위해 녹지공간과 나무의 배치가 사람들의 자연 경험 및 정신 건강에 어떠한 영향을 미치는지에 대한 연구 필요

23

5 Discussion

Key finding

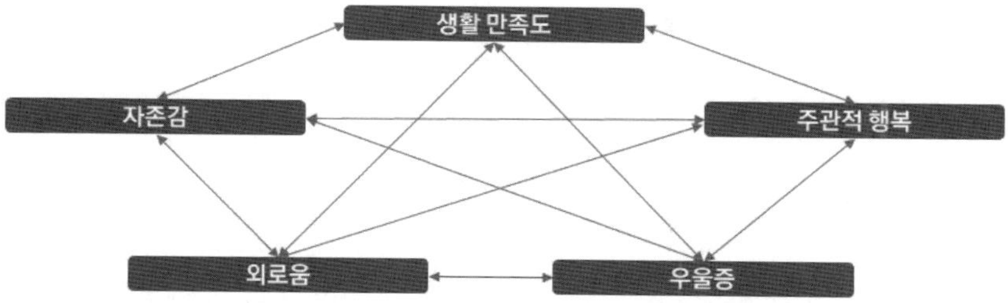

정신 건강 척도들은 여러가지 측면에서 **상호 연관성**이 있을 수 있음

자연과의 상호작용이 특정 건강 지표를 개선하는 것을 넘어
인간의 건강과 웰빙에 영향을 미칠 가능성 제기

24

5 Discussion

Limitation

- 주변 자연과 정신 건강 사이의 명확한 관계를 발견했지만, 연구 설계의 단면적 특성 때문에 이러한 변수들 사이의 인과 관계를 결정할 수 없음

=> 더 나은 정신건강을 가진 사람들이 녹지 공간을 더 자주 사용하고 녹지 경관을 가진 집을 선택할 가능성이 있음

- 설문 조사의 참여가 자발적이었기 때문에 참여하기로 선택한 참여자와 참여하지 않기로 선택한 참여자 간의 개인적 특성이 달라 편향성이 있을 수 있음

⇒정신 건강이 좋지 않은 사람들은 건강 조사를 참여하는 것을 피하는 경향이 있음

⇒본 연구의 경우 정신 건강의 정도를 추정하는 것이 아니라 개인요인과 정신건강의 연관성을 조사하는 것이기 때문에 그나마 무반응 편향성의 영향을 덜 받음

- 자연 경험의 이점이 사회경제적, 문화적 배경이 다른 지역마다 다르기 때문에 본 연구의 결과를 일반화할 수 없음

⇒유사한 연구를 전 세계적으로 다른 지역에서 수행해야 함

6 Conclusion

Conclusion

- 세계적으로 정신 건강 문제의 발생률이 놀라운 속도로 증가하고 있으며, COVID-19 대유행으로 인해 정신 건강 문제가 더욱 악화될 가능성이 있음

⇒정신 건강 문제의 위험성이 높은 사람의 삶의 질에 영향을 미치고 큰 감정 비용을 초래할 수 있음

- 이러한 조건을 볼 때, 본 연구의 결과는 정신 건강에 대한 위험 요소를 예방하거나 개선할 수 있는 잠재력을 가지고 있어 의료 정책에 영향을 미칠 수 있음

- 또한 본 연구 결과를 도시의 녹색 인프라를 유지 및 개선하는 것에 활용함으로써 사회에 광범위한 혜택을 제공 할 수 있음

26

▶ Giuseppina Spano etc. 2021. Association between indoor-outdoor green features and psychological health during the COVID-19 lockdown in Italy: A cross-sectional nationwide study. Urban Forestry & Urban Greening 62 127156

Association between indoor-outdoor green features and psychological health during the COVID-19 lockdown in Italy
: A cross-sectional nationwide study

Giuseppina Spano, Marina D'Este, Vincenzo Giannico, Mario Elia,
Rosalinda Cassibba, Raffaele Lafortezza, Giovanni Sanesi

Contents

1 Introduction

연구의 배경 및 목적

연구 배경

- 2020년 3월 10일에 이탈리아는 COVID-19 대유행의 확산 억제를 위해 국가 봉쇄 선언 및 시행
  - 필수품 구매, 특별한 업무 요구, 긴급한 건강상의 이유 외에는 집에 머물러야만 함
- 현재의 대유행 동안, 개인들은 신체적·정신적 행복 때문에 점점 더 공공장소와 오픈스페이스, 특히 자연 공간에서의 활동에 참여한다는 증거가 증가함
  - 모든 야외 활동과 녹색/개방공간과의 접촉을 금지하는 것은 검역 기간의 심리적 건강 결과에 크게 영향을 미침
  - 실내 식물이 긍정적 감정과 상관관계가 있으나 봉쇄 전 수준에서의 자기 보고와 관련이 없다(Perez-Urrestarazu et al., 2020)는 실내 "녹색" 활동의 영향에 대한 일관성 없는 증거존재

→

정신 건강에 미치는 장기적인 격리의 해로운 영향
(Panno et al., 2020; Rajkumar, 2020; Yamada et al., 2021)
관련 스트레스 요인은 장기적인 심리적 영향을 초래
(Brooks et al., 2020; Qiu et al., 2020).

(Ugolini et al., 2020; Venter et al., 2020; Geng et al., 2021; Robinson et al., 2021)

3

1 Introduction

연구의 배경 및 목적

연구 목적

- 가정 환경 내 및 주변의 녹지 특징의 존재와 정신 건강에서의 자기 보고 변화 사이의 연관성을 찾아내는 것
  - 공공 녹지 공간에 대한 접근이 금지되었을 때 혹은 COVID-19 대유행봉쇄 동안 이탈리아에서 전국적인 조사 실시

연구질문 1	식물 화분, 햇빛 및 녹색 조망과 같은 **실내 녹색 특징과 COVID-19 봉쇄와 관련된** 가장 일반적인 **심리적 결과(불안, 분노, 우울함, 집중력 저하, 수면 장애 등)의 자기 보고 변화 사이에 연관성이 있는가?**
연구질문 2	사적 녹색 공간의 접근성 및 자연성과 같은 **실외 녹색 특징과 COVID-19 봉쇄와 관련된** 가장 일반적인 **심리적 결과(불안, 분노, 우울함, 집중력 저하, 수면 장애 등)의 자기 보고 변화 사이에 연관성이 있는가?**

4

2 Material and methods

1) Study population

- COVID-19 대유행 동안 봉쇄 기간을 지낸 이탈리아 내 지역사회 주민을 대상으로 데이터 수집 수행
  - 표집 방법 : "chain-referral sampling" (Mann, and Whitney, 1947)
    → 참가자들이 다른 잠재적 참가자들을 모집하도록 요청
  - 설문조사 기간: 2020년 3월 31일 ~ 2020년 4월 7일
  - 설문조사 방법: 참가자가 이메일, 무료 메신저 플랫폼 등을 통해 설문조사 링크로 접근하여 응답 (온라인 설문조사)
  - 최종 표본 선정: 14세 이상이고 봉쇄 기간 동안 이탈리아 영주권을 가진 자
    → 총 3,886명의 참가자로 구성
    → 가장 많이 대표되는 지역: 아풀리아(54%), 피에몬테((10%), 롬바르디아(10%)
    가장 적게 대표되는 지역: 발레다오스타(0.15%)
  - 헬싱키 선언의 윤리적 표준과 그 이후의 개정 또는 유사한 윤리적 표준에 따라 설계 및 수행

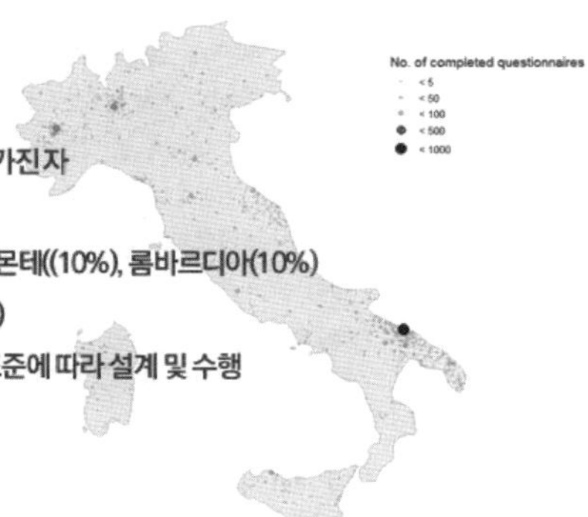

〈그림1〉 이탈리아 반도 전역에 걸쳐 완료된 설문지의 수와 배포
(원이 크고 어두울수록 완료된 설문지의 수가 많음을 나타냄)

5

2 Material and methods

2) Measures

인구사회학적 특성 및 잠재적 혼재 변수

- 인구사회학적 특성을 조사하는 8개 항목으로 구성
  - 나이, 성별, 교육 수준, 현재 거주지, 잠재적 공변량 또는 혼재변수에 대한 기타 정보
  - 기타 정보: 현재 근무 형태 (스마트 워킹), 집에 거주하는 다른 사람의 존재, 반려동물의 존재, COVID-19 대유행 봉쇄로 인한 추정되는 소득 감소

6

2 Material and methods

2) Measures

심리적 결과

- 본 연구의 관심 변수 중 심리적 결과에 관한 10개 항목으로 구성
  - 이탈리아 전국 봉쇄 첫날로 간주한 2020년 3월 10일을 기준으로 응답자는 그 전 주의 심리 상태와 관련된 감정을 평가
  - 불안, 분노, 두려움, 혼란, 우울함, 지루함, 짜증, 반복적인 생각 및/또는 꿈, 집중력 저하, 수면 장애
    → 격리의 부정적인 심리적 영향에 대한 최근 보고서에서 보고된 증거 (Brooks et al., 2020) 에 기초하여 선정
    → 격리는 다수의 스트레스 요인으로 인한 심리적 결과 및 정신건강에 대한 부정적인 영향과 관련이 있음 (Brooks et al., 2020; Kontoangelos et al., 2020)
- 격리의 해로운 영향에 대한 자기보고 경향과 이러한 부정적 영향에서 녹지 특징의 잠재적 완화 역할에 초점을 둠
  - 선행 연구에서 시작 조건과 관련하여 심리적 건강의 향상을 보여주지 않았음 → 웰빙을 조사하는 것은 별로 소용이 없다고 판단함
  - 봉쇄 이전 기간에 비해 불안, 분노, 두려움, 혼란, 우울함, 지루함, 짜증, 반복적인 생각 및/또는 꿈, 집중력 저하, 수면 장애의 증가를 응답자가 스스로 평가
  - 5점 리커트 척도(매우 비동의 ~ 매우 동의):
    매우 비동의 → 응답자의 심리 상태에 부정적인 변화가 없음을 나타냄
    매우 동의 → 응답자의 심리 상태의 현저한 악화를 나타냄

7

2 Material and methods

2) Measures

실내외 녹지 특징

- 본 연구의 관심 변수 중 실내외 녹지 특징에 관한 5개 항목으로 구성
  - 모든 항목은 응답자가 봉쇄 또는 격리 기간을 보내는 가정 환경과 관련됨

1. 식물 화분의 존재 (예/아니오)
2. 집 안 일조량 (자기보고식, 3점 리커트 척도)
   0 = "없거나 전혀 밝지 않음", 1 = "중간 밝음", 2 = "매우 밝음"
3. 집 창문에서 보이는 녹지의 양 (5점 리커트 척도)
   0 = "녹지공간이나 창문 없음", 1 = "녹지가 조금 보임", 2 = "나무가 없는 약간의 녹지"
   3 = "나무가 있는 약간의 녹지", 4 = "전망 전체가 녹지"
4. 사적 녹지 공간에 대한 접근성 (사적 녹지 공간 양의 최저 ~ 최고)
   0 = "없음", 1 = "녹지가 있는 테라스", 2 = "녹지가 있는 마당"
   3 = "정원", 4 = "전원 지대 또는 산지"
5. 자연 야외 환경의 대용물로서 주택이 위치한 도로의 유형
   0 = "주요 또는 부가 교외도로", 1 = "도시 또는 근린 가로",
   2 = "해변도로" 3 = "보행자 도로와 같은 제한된 교통구역", 4 = "내부 또는 민간도로",
   5 = "나무나 녹지가 우거진 도로". 6 = "시골길이나 산길"

〈표1〉 실내외 녹지 특징에 대한 표본 참가자의 답변 분포

	N = 3886 (%)
Do you have plants at home?	
Yes	3228 (83.07)
No	658 (16.93)
How do you evaluate the presence of daylight at home?	
Not at all or not very bright	139 (3.58)
Medium bright	1072 (27.59)
Quite or very bright	2675 (68.84)
From the room you are in, how much green can you see from the window? Indicates the amount of green view?	
No green space or no windows	452 (11.63)
A little bit of the view	1140 (29.34)
Some of the view but without trees	312 (8.03)
Some of the view with trees	1213 (31.21)
Most of the view	611 (15.72)
All of the view	158 (4.07)
During this period do you have access to private green spaces?	
No access	1641 (42.23)
Yes, to a terrace with presence of green	561 (14.44)
Yes, to a courtyard with presence of green	528 (13.59)
Yes, to a garden	697 (17.94)
I have more than one access	126 (3.24)
Yes, I am in the countryside or mountains	333 (8.57)
What type of road is the house where you are spending this period?	
Main or secondary extra-urban road	455 (11.71)
Urban or neighbourhood street	2641 (67.96)
Seafront	9 (0.23)
Limited traffic area (e.g., old town, pedestrian street)	72 (1.85)
Internal or private road	124 (3.19)
Road with trees or greenery	286 (7.36)
Country or mountain road	299 (7.69)

8

2 Material and methods

3) Statistical analysis

기술 통계

- 설문조사에서 고려된 인구사회학적 데이터와 정신 건강 결과의 특징 및 분포를 탐구하기 위해 계산됨

〈표2〉 연구 참가자에 대한 기술 통계 및 심리적 건강 결과의 발병률 (계속)

	N = 3886 (%)	Anxiety M ± SD	AngerM ± SD	FearM ± SD	ConfusionM ± SD	MoodinessM ± SD	BoredomM ± SD	IrritabilityM ± SD	Recurrent thoughts/dreams M ± SD	Poor concentration M ± SD	Sleep disturbanceM ± SD
Age-groups											
14–29	1039 (26.74)	3.0 ± 1.2	2.4 ± 1.3	2.8 ± 1.3	2.9 ± 1.3	3.1 ± 1.3	3.4 ± 1.4	3.0 ± 1.4	2.1 ± 1.3	3.0 ± 1.4	2.8 ± 1.5
30–44	1111 (28.59)	3.1 ± 1.2	2.3 ± 1.3	3.1 ± 1.2	2.7 ± 1.3	3.1 ± 1.2	2.7 ± 1.3	2.8 ± 1.3	2.9 ± 1.4	2.6 ± 1.3	2.3 ± 1.4
45–59	1186 (30.52)	3.1 ± 1.2	2.0 ± 1.2	3.0 ± 1.3	2.6 ± 1.3	2.6 ± 1.3	2.5 ± 1.4	2.3 ± 1.2	2.4 ± 1,4	2.6 ± 1.3	2.6 ± 1.4
60–74	520 (13.38)	2.8 ± 1.3	1.6 ± 0.9	2.7 ± 1.3	2.2 ± 1.2	2.3 ± 1.2	2.4 ± 1.4	2.0 ± 1.1	2.1 ± 1.3	2.3 ± 1.3	2.3 ± 1.3
≥75	30 (0.77)	2.8 ± 1.5	1.8 ± 1.2	3.0 ± 1.5	2.3 ± 1.3	2.6 ± 1.5	3.0 ± 1.3	2.4 ± 1.3	1.9 ± 1.2	2.1 ± 1.3	2.1 ± 1.3
Gender											
Male	1482 (38.14)	2.8 ± 1.2	1.9 ± 1.1	2.6 ± 1.2	2.4 ± 1.2	2.5 ± 1.3	3.0 ± 1.4	2.4 ± 1.3	2.1 ± 1.3	2.5 ± 1.3	2.4 ± 1.4
Female	2392 (61.55)	3.2 ± 1.2	2.2 ± 1.3	3.2 ± 1.3	2.8 ± 1.3	2.9 ± 1.3	2.8 ± 1.5	2.6 ± 1.4	2.4 ± 1.4	2.8 ± 1.4	2.8 ± 1.9
Other	12 (0.31)	3.1 ± 1.4	2.8 ± 1.5	2.8 ± 1.3	2.8 ± 1.5	3.0 ± 1.5	2.8 ± 1.3	3.0 ± 1.5	2.0 ± 1.5	3.6 ± 1.6	2.8 ± 1.6
Education level											
Primary school	7 (0.18)	4.3 ± 1.0	2.7 ± 1.7	3.7 ± 1.7	3.4 ± 2.0	3.4 ± 2.0	4.1 ± 1.5	3.1 ± 1.5	2.1 ± 2.0	2.1 ± 1.7	2.6 ± 1.8
Middle school	287 (7.39)	3.0 ± 1.3	2.4 ± 1.4	2.8 ± 1.3	2.6 ± 1.4	2.8 ± 1.4	3.2 ± 1.4	2.8 ± 1.5	2.2 ± 1.4	2.7 ± 1.5	2.6 ± 1.5
High school	1522 (39.17)	3.1 ± 1.2	2.1 ± 1.2	2.9 ± 1.3	2.7 ± 1.3	2.8 ± 1.3	3.0 ± 1.4	2.6 ± 1.4	2.2 ± 1.4	2.6 ± 1.4	2.7 ± 1.5
University	1438 (37)	3.0 ± 1.2	2.1 ± 1.2	3.0 ± 1.2	2.7 ± 1.3	2.7 ± 1.3	2.7 ± 1.4	2.4 ± 1.3	2.4 ± 1.4	2.6 ± 1.4	2.6 ± 1.4
Post-university	632 (16.26)	3.0 ± 1.3	2.1 ± 1.2	2.9 ± 1.3	2.6 ± 1.3	2.6 ± 1.3	2.5 ± 1.4	2.4 ± 1.3	2.3 ± 1.3	2.7 ± 1.4	2.6 ± 1.4

봉쇄 전부터 퇴직자 및 실업자 포함. M±SD = 평균 ± 표준 편차

9

2 Material and methods

3) Statistical analysis

기술 통계

- 설문조사에서 고려된 인구사회학적 데이터와 정신 건강 결과의 특징 및 분포를 탐구하기 위해 계산됨

〈표2〉 연구 참가자에 대한 기술 통계 및 심리적 건강 결과의 발병률

	N = 3886 (%)	Anxiety M ± SD	AngerM ± SD	FearM ± SD	ConfusionM ± SD	MoodinessM ± SD	BoredomM ± SD	IrritabilityM ± SD	Recurrent thoughts/ dreams M ± SD	Poor concentration M ± SD	Sleep disturbanceM ± SD
Working mode											
Smart working	2059 (52.99)	3.1 ± 1.2	2.9 ± 1.3	2.9 ± 1.2	2.7 ± 1.3	2.8 ± 1.3	2.8 ± 1.4	2.6 ± 1.3	2.3 ± 1.4	2.8 ± 1.4	2.6 ± 1.4
Working normally	361 (9.29)	3.1 ± 1.2	2.0 ± 1.1	3.0 ± 1.2	2.7 ± 1.3	2.7 ± 1.3	2.6 ± 1.5	2.5 ± 1.3	2.4 ± 1.4	2.4 ± 2.4	2.5 ± 1.4
Partial smart working	309 (7.95)	3.0 ± 1.2	1.9 ± 1.1	2.9 ± 1.1	2.5 ± 1.3	2.5 ± 1.2	2.6 ± 1.3	2.2 ± 1.2	2.2 ± 1.3	2.5 ± 1.3	2.5 ± 1.4
Suspended job	689 (17.73)	3.2 ± 1.3	2.1 ± 1.2	3.0 ± 1.3	2.7 ± 1.4	2.8 ± 1.3	3.1 ± 1.4	2.6 ± 1.3	2.4 ± 1.4	2.7 ± 1.4	2.8 ± 1.5
Lost job	81 (2.08)	3.4 ± 1.2	2.4 ± 1.4	3.1 ± 1.3	2.7 ± 1.3	3.0 ± 1.4	3.5 ± 1.4	2.9 ± 1.4	2.4 ± 1.4	3.0 ± 1.4	3.0 ± 1.5
Not classifiable*	387 (9.96)	2.9 ± 1.3	1.9 ± 1.2	2.8 ± 1.3	2.4 ± 1.3	2.5 ± 1.3	2.9 ± 1.4	2.2 ± 1.3	2.0 ± 1.3	2.3 ± 1.3	2.4 ± 1.4
Presence of other people											
Yes	3350 (91.35)	3.1 ± 1.2	2.2 ± 1.3	3.0 ± 1.3	2.7 ± 1.3	2.8 ± 1.3	2.9 ± 1.4	2.6 ± 1.3	2.3 ± 1.4	2.7 ± 1.4	2.7 ± 1.5
No	336 (8.65)	2.9 ± 1.3	1.8 ± 1.1	2.9 ± 1.3	2.5 ± 1.3	2.7 ± 1.4	2.9 ± 1.4	2.2 ± 1.3	2.2 ± 1.3	2.7 ± 1.4	2.7 ± 1.5
Presence of pets											
Yes	1390 (64.02)	3.1 ± 1.2	2.1 ± 1.2	2.9 ± 1.3	2.6 ± 1.3	2.7 ± 1.3	2.8 ± 1.4	2.5 ± 1.3	2.3 ± 1.4	2.7 ± 1.4	2.6 ± 1.4
No	2488 (35.98)	3.1 ± 1.2	2.1 ± 1.2	2.9 ± 1.3	2.7 ± 1.3	2.7 ± 1.3	2.9 ± 1.4	2.5 ± 1.3	2.3 ± 1.4	2.7 ± 1.4	2.6 ± 1.5
Decrease in income											
Yes	2128 (54.76)	3.2 ± 1.2	2.2 ± 1.3	3.0 ± 1.3	2.7 ± 1.3	2.9 ± 1.3	2.9 ± 1.4	2.6 ± 1.3	2.3 ± 1.4	2.8 ± 1.4	2.8 ± 1.5
No	1434 (36.90)	2.9 ± 1.2	1.9 ± 1.1	2.8 ± 1.2	2.5 ± 1.3	2.5 ± 1.3	2.7 ± 1.4	2.3 ± 1.3	2.2 ± 1.3	2.4 ± 1.4	2.4 ± 1.4
Rather not say	324 (54.76)	3.1 ± 1.2	2.3 ± 1.3	2.9 ± 1.3	2.8 ± 1.3	2.9 ± 1.3	3.0 ± 1.4	2.7 ± 1.3	2.3 ± 1.3	2.7 ± 1.4	2.6 ± 1.4

봉쇄 전부터 퇴직자 및 실업자 포함. M±SD = 평균 ± 표준 편차

10

2 Material and methods

3) Statistical analysis

회귀 분석

- Single-exposure regression model (단일 노출 회귀 모형)
  → 설명 변수인 실내외 녹지 특징과 정신 건강 결과 사이의 연관성 추정
  - 각각의 정신 건강 결과에 대해 각각의 녹지특징을 고려한 단일 회귀 모형 구축
  - 연령, 성정체성, 교육 수준, 격리 기간 동안 근무 형태, 봉쇄 조치로 인한 추정되는 수입 감소에 대해 모든 모형 수정
  - 공변량: 봉쇄 동안 다른 사람의 존재 유무, 반려동물 존재 유무
  - 베타 계수: 녹지 특징 및 심리적 결과의 대용으로서 녹지 관련 변수 사이의 연관성을 정량적으로 측정
- 민감도 분석 수행
  → 잠재적 혼재변수에 대한 단일 노출 회귀 모형을 추가로 조정하여 녹지 특징 및 정신 건강 결과 사이의 중요한 연관성의 견고성 시험
  - 총 지역 인구수는 가장 최신 데이터인 2019년 데이터 사용
  - 잠재적 혼재변수: 지역 인구당 COVID-19 확진 환자
    → 설문조사 시작 전(2020.3.30), COVID-19 총 확진자 수는 보건부로부터 공식 공공 데이터를 사용
  - 모든 분석 수행은 R 'stats' 패키지의 lm() 함수 사용, 통계적 유의성은 $p < 0.05$로 설정함

11

2 Material and methods

3) Statistical analysis

현재 근무 형태(CWM)에 의한 효과 수정

- 표본은 현재 근무 형태에 따라 두 그룹(스마트 근로자, 비 스마트 근로자)으로 구분
  - 총 2,729명(스마트 근로자 2,059명, 비 스마트 근로자 670명)의 하위 표본 구성
  - 각각의 정신 건강 결과와 관련하여 상호작용 분석은 CWM과 녹지 조망 사이, CWM과 사적 녹지 공간에 대한 접근 사이에서 테스트됨

12

3 Results

1) Sample characteristics

- 평균 연령: 41.9세(14~93세, SD = 15.2)
- 성비: 남성 38%, 여성 62%, 기타 0.31%
- 대표되는 교육 수준: 고등학교 39%
- 근무 형태: 재택근무(스마트 워킹) 53%
- With other people 92%
- With pets 64%
- COVID-19으로 인한 수입 감소 예견 55%

〈표2-1〉 연구 참가자에 대한 기술 통계

	N = 3886 (%)
Age-groups	
14–29	1039 (26.74)
30–44	1111 (28.59)
45–59	1186 (30.52)
60–74	520 (13.38)
≥75	30 (0.77)
Gender	
Male	1482 (38.14)
Female	2392 (61.55)
Other	12 (0.31)
Education level	
Primary school	7 (0.18)
Middle school	287 (7.39)
High school	1522 (39.17)
University	1438 (37)
Post-university	632 (16.26)

	N = 3886 (%)
Working mode	
Smart working	2059 (52.99)
Working normally	361 (9.29)
Partial smart working	309 (7.95)
Suspended job	689 (17.73)
Lost job	81 (2.08)
Not classifiable[a]	387 (9.96)
Presence of other people	
Yes	3350 (91.35)
No	336 (8.65)
Presence of pets	
Yes	1398 (64.02)
No	2488 (35.98)
Decrease in income	
Yes	2128 (54.76)
No	1434 (36.90)
Rather not say	324 (54.76)

13

3 Results

2) Single-exposure regression analysis

- 식물 화분의 존재
  - 불안, 분노, 두려움, 우울함, 지루함, 짜증, 수면 장애에서의 낮은 자기 보고 증가와 상당한 연관성 有
    - → 수정된 모형에서도 분노, 두려움, 짜증, 수면 장애와의 유의한 연관성 有
- 높은 일조량
  - 분노, 두려움, 혼란, 우울함, 지루함, 집중력 저하, 수면 장애에서의 낮은 증가와 상당한 연관성 有
    - → 수정된 모형에서도 유의한 연관성 有
- 창문에서 보이는 녹지의 양
  - 수정되지 않은 모형 및 수정된 모형 모두에서 모든 정신 건강 결과와 상당한 연관성 有
    - → 창문에서 녹지가 더 많이 보이는 것은 각각의 정신 결과의 낮은 증가와 관련이 있음
- 사적 녹지 공간 접근의 더 큰 유효성
  - 모든 정신 건강 결과의 낮은 증가와 상당한 연관성 有
- 자연 야외 환경의 대용물로서 간주한 녹지 수준이 높은 도로에 위치한 주택에서 사는 것
  - 모든 정신 건강 결과의 낮은 증가와 상당한 연관성 有
    - →수정된 모형에서, 이 연관성은 불안, 두려움, 지루함, 짜증, 반복적인 생각 및/또는 꿈, 수면 장애에 대해 유효함

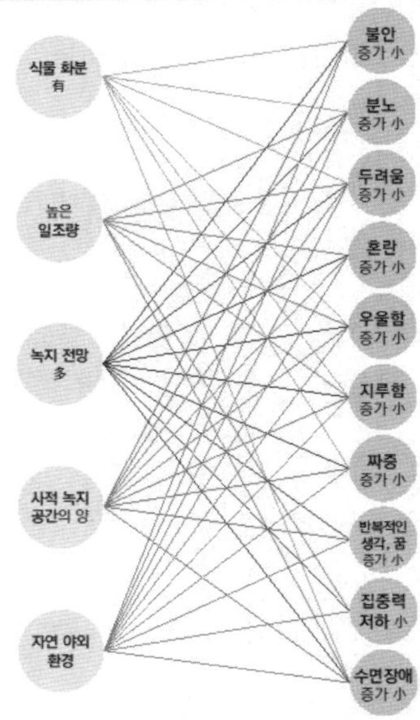

〈그림2〉 녹지 특징과 정신 건강 결과의 연관성

14

3 Results

3) Sensitivity analysis

- 단일 노출 회귀 모형 → 지역 인구당 확인된 COVID-19 확진자 수에 대해 추가로 수정
  - 화분의 존재와 불안·수면 장애는 상당한 연관성 有
  - 일조량과 분노의 연관성 ↓ (p〈0.01 → p〈0.05)
  - 녹지 전망과 집중력 저하의 연관성 ↓ (p〈0.001 → p〈0.01)
  - 녹지 전망, 자연 야외 환경은 반복적인 생각 및/또는 꿈과 유의미한 연관성 無

4) Effect modification by the Current Working Mode

- 녹지 전망과 CWM의 상호작용
  - 지루함(p=0.02), 반복적인 생각 및/또는 꿈(p=0.04), 짜증(p=0.02)에서 통계적으로 유의함
  - 녹지 전망과 정신 건강 결과 사이의 연관성 : 스마트 근로자〈비 스마트 근로자
- 사적 녹지 공간에의 접근과 CWM의 상호작용
  - 어떤 정신 건강 결과 변수에도 중요하지 않음

15

4 Conclusions

1) Discussion

- 연구 결과는 생활 환경의 실내외 녹지 특징과 평가된 정신 건강 결과에 관한 뚜렷한 연관성을 보여줌
  - 실내 화분의 존재 → 봉쇄 기간 동안 분노, 두려움, 짜증, 수면 장애의 낮은 증가와 관련 有

    ➡ 가정, 직장 등 생활환경에서의 건강 상태에 대한 선행 연구의 확장에 상당히 중요 (Dreyer et al., 2018)

근무 환경 내 식물의 존재 → 인지된 스트레스 ↓, 긍정적 감정 ↑, 부정적 감정 ↓ (Han, and Ruan, 2019)
기존에 보고된 연관성(Hassan et al., 2018; Toyoda et al., 2020) 과의 불일치
└ 구조화된 원예 활동에 초점, 다른 형태의 녹지 접근 금지되지 않음
→ 두 조건의 상승 효과 가정 可
→ 본 연구는 집에 감금된 상태 동안 실내 식물 존재의 심리적 이점 고려함

⬇

다른 맥락 및 개인의 집단을 포함함으로써 가정 내 식물 존재의 심리적 이점에 대한 조사 가치 有

Ex) 치료적 관점
→ 어떤 개인 (양로원 내 어르신)들이 실내에서 대부분의 시간을 보내는지 조사 (Tse, 2010)

16

4 Conclusions

1) Discussion

- 실내외 녹지 특징과 정신 건강 결과 사이의 연관성 → 지역 인구당 COVID-19 확진자 수에 대해 수정
  - 선행 연구(Zhu & Xu, 2021)에 확인된 바와 달리, 수정에 따른 연구 결과의 두드러진 변화 無

    → 봉쇄의 제한 조치가 국가 차원으로 확대되었기 때문

    ➡ 제한에 대한 개인의 인식 일상의 행동적 조정

    → 이탈리아 전체 인구 (지역 차원의 역학적 특수성 무시 可)
  - 녹지 전망, 자연 야외 환경 → 반복적인 감염병 관련 생각 및/또는 꿈과 더 이상 유의한 연관성 無

    ➡ COVID-19 감염에 많이 노출된 지역에 거주 → 사건 관련 반복적이고 거슬리는 생각과 꿈의 발전로 이어지는 충격적인 경험 초래 (Wang et al., 2020b)

논의된 예비 결과 ➡

- 실내외 녹지 특징이 다른 정신 건강 결과에 미치는 차별화된 영향를 어느 정도 강조함
- 정신 건강의 특정 측면의 악화를 예방하는 데 있어 녹지 특징의 잠재적 역할을 시사함
- 웰빙을 촉진하는 자연 기반 개입 및 치료의 가능한 차별화에 대한 예비적인 통찰력을 제공함

17

4 Conclusions

1) Discussion

- 현재 근무 형태와 녹지 전망의 상호작용 → 지루함, 반복되는 생각 및/또는 꿈, 짜증에 유의한 영향을 미침
  - COVID-19 격리 기간 동안 근로자의 건강과 삶의 질에서 스마트워킹의 확립된 본질적 역할에 대한 추가적인 잠재적 통찰력을 나타냄(Zhang et al., 2020)
  - 직장 근처 녹지에의 접근 및 주변의 자연 기반 요소 유무의 중요성(Marquet et al., 2020) 외에도 가정 내에서도 자연 기반 요소 사용 촉진 필요
  - 녹지 조망과 정신 건강 결과 사이의 연관성: 스마트 근로자 < 비 스마트 근로자
    → 가정 내 녹지 특징 노출이 인지된 건강 및 웰빙에서 핵심적 역할 수행

근무 형태의 상호작용의 중요한 역할과 결합된 연구결과

➡

녹지 요소와 접촉하는 경향이 있는 가정 환경의 중요성
→ 실내에서 많은 시간을 보내도록 강요된 개인(집 또는 요양원에 있는 노인들)과 활동적인 생활방식을 가진 성인(비 스마트 근로자)에게 정신 건강을 위한 보호 인자가 될 수 있음

가정 환경에서 환경 친화적인 행동을 개발하는 경향과 이러한 선호의 근본적인 동인을 더 자세히 탐구하는 흥미로운 통찰력 제공(Mao and Wei, 2013)

18

4 Conclusions

2) Strength and limitations of the study

- COVID-19 봉쇄로 인한 일반 인구의 정신 건강 악화에 대한 (가정 환경 내부 및 주변의) 몇몇 녹지 특징의 완화 역할을 체계적으로 탐구하려는 시도 無
  - 여러 연구에서 COVID-19 대유행 기간 동안 공공 녹지의 큰 가치 조사·확인 (Ugolini et al., 2020; Venter et al., 2020; Xie et al., 2020)
  - COVID-19 봉쇄 기간 동안 많은 대학생 표본에 대한 주거 환경의 역할 조사를 시도한 연구는 단 한 건(Amerio et al., 2020)에 불과

19

4 Conclusions

2) Strength and limitations of the study

- 연구 한계

- 표본
  → 인구통계학적 변수에 따라 지리적으로 균일하게 분포되어 있지 않음 ➡ 이탈리아 인구 전체를 대표하지 못할 수 있음
  → 스마트폰 또는 이메일 사용이 적은 사람들 = 온라인 설문조사 응답 가능성 ↓ ➡ 표본의 자가 선택으로 인한 잠재적 영향 有
- 횡단적 연구 설계
  → 정신 건강 결과에 대한 기준 측정을 제공하지 않음 ➡ 변수들 사이의 연관성 논의 시 주의 필요
- 웹 기반 조사
  → 자기 보고 데이터 회수 시간 및 모든 이탈리아 지역 도달에 유용
  → 심리 상태에 대한 자기 보고식 악화에 대한 단일 항목으로 구성 (국제적으로 검증된 측정 도구들로 구성되지 않음)
  → 녹지 특징에 대한 정보 또한 자기 보고됨
- 변수
  → 사적 녹지 공간의 유효성에 대해 사용량이 아닌 양으로 조사
  → 매개 변수(사적 녹지 공간에서의 신체 활동, 정원 가꾸기 등)가 개입할 수 있으나 이러한 매개 효과를 고려하지 않음

20

4 Conclusions

3) Conclusions and future studies

- COVID-19 봉쇄와 관련된 가장 일반적인 심리적 결과에 대해 실내외 녹지 특징과 자기 보고 변화 사이 연관성의 존재를 보여줌
  - 현대에 특히 중요 → 집은 자연과 정신 건강·웰빙의 접촉을 촉진하는 또 다른 수단을 대표할 수 있음

- 연구 결과는 보다 일반적인 고려사항에서도 유용할 것으로 기대되며 관련하여 추가 연구 필요
  - 실내 식물의 유무 외에도 실내 녹지의 의미 및 인간의 건강과 웰빙에 크게 영향을 미치는 데 필요한 양을 추가로 정의하는 연구 필요
  - 노화 관련 질병을 가진 개인과 같이 위험에 처한 범주의 치료 도구로서 실내 원예 활동에 초점을 둔 더 많은 연구 필요
  - 원기회복 또는 유익한 건강 효과가 꽃, 식물, 풍경 같은 독특한 구성 요소 또는 그 조합에 기인하는지를 이해하기 위한 녹지의 규모 및 유형에 관한 연구 필요

- 연구 결과로부터 다양한 시나리오와 연구 질문이 도출될 수 있음
  - 가정 환경 및 주변 환경 내의 다른 가능한 녹지 요소 평가를 평가하는 다른 맥락에서의 추가 연구 필요
  - 이러한 요소들의 존재가 정신 건강에 미치는 장기적인 영향 평가를 위한 종적 연구 필요

21

▶ Thomas F. Johnson etc. 2021. Associations between COVID-19 transmission rates, park use, and landscape structure. Science of the Total Environment .789

Association between COVID-19 transmission rates, park use, and landscape structure

Thomas F. Johnson, Lisbeth A. Hordley, Matthew P. Greenwell, Luke C. Evans

1 Introduction

연구의 배경 및 목적

COVID19 발발과 공원녹지

- COVID19 발발로 인해 거리두기의 생활·의무화(lock down)
- 도시민, 자택 인근 시설 이용 빈도↑
- 많은 연구결과, 도시시설 중 공원녹지 이용이 타 시설 대비 감염병에 더 안전
- 팬데믹 이후 공원 이용률 증가
- 그러나 영국(연구지역) 내 지역 따른 공원녹지 접근성 및 이용률 편차 有

공원녹지 이용률↔COVID19 감염률 관한 정량적 연구 필요

- 공원녹지, 팬데믹 상황서 긍정적 영향 제공 (e.g. 신체·정신적 건강 증진 등)
- 공원녹지 내 거리두기 용이하며 표면접촉 / 에어로졸 통한 감염확산 우려 낮음
- 그러나 지역 '공원녹지 이용률/구조적 특징' ↔ '감염률' 간 관계 살펴본 선행연구 부족
- 이에 대한 정량적 연구를 진행할 필요 有

↕

Transmission Rate

2

1 Introduction

연구의 배경 및 목적

공원녹지 이용률/구조적 특징에 따른 COVID19 감염률 영향 분석 (Green Transmission)

- 연구 쟁점에 해당

공원녹지 이용률/구조적 특징 → ? →

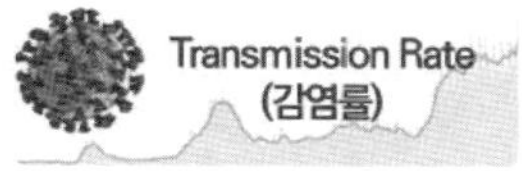

그 외 감염률에 큰 영향 미치는 지역별 특징에 따른 영향 분석 (Baseline Transmission)

- 하지만 공원녹지 외 이동성, 건강, 연령대 등 감염률과 연관성 큰 요소 고려 필요
- 그러한 요소들 고려 및 통제해야 공원녹지의 영향을 제대로 파악 가능하기 때문
- 따라서 공원녹지 관련 분석 진행 이전에 지역별 특징에 따른 영향을 먼저 분석

그 외 감염률에 큰 영향 미치는 지역별 특징에 따른 영향

= Baseline Transmission

↓

공원녹지 이용률/구조적특징 – 감염률 관계

= Green Transmission

〈연구의 전개〉

3

1 Introduction

연구 가설

- 공원녹지 이용률이 증가함에 따라 공원녹지의 구조적 특징에 의한 감염률에 차이 발생할 것임 (즉, 이용률 동일해도 구조적 특징에 따라 감염률 상이 할 것임)
- 공원녹지 면적이 작고 분포가 분할형일 때 감염률이 더 낮을 것임

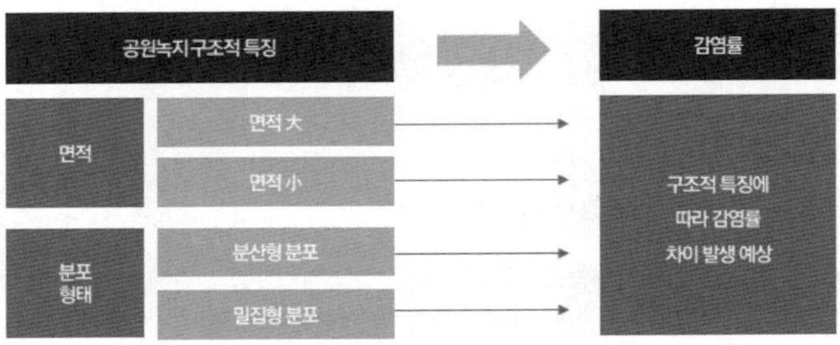

4

1 Introduction

연구 가설

- 지역별 특징 중 이동성이 높을 수록 감염률 증가하지만, 공원녹지의 이용은 기타 도시시설 이용보다 더 안전한 이동이 될 것.

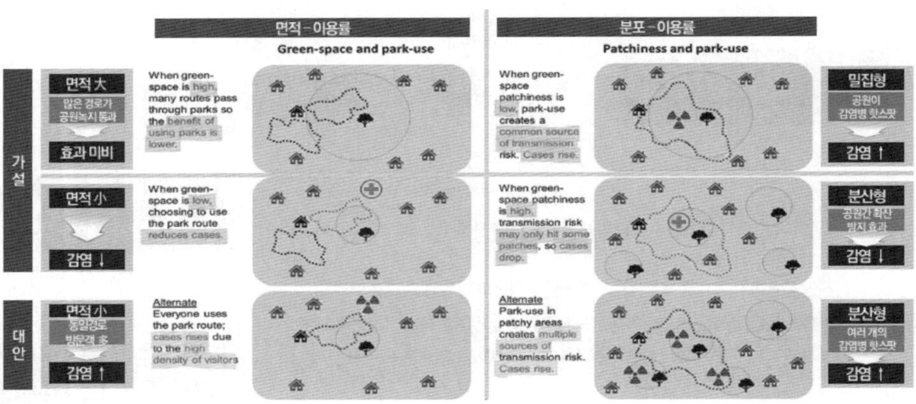

5

2 Methods

지역 감염건수

- 행정구역의 7일 평균 감염률을 하루 단위로 환산한 감염률
  - 요일 별 심한 편차를 상쇄하기 위함
    (ex. 토, 일: 감염률 급증, 월: 급감)

이동성 데이터

- 코로나19 발생 이전 대비 5부문을 모두 통합한 이동의 변화로 정의
  ➔ *일별 이동성(Mobility Change) = 일별 5부문 이동성 평균*
- '이동발생 = 시설이용'으로 볼 수 있음

공원녹지 이용률

- 전체 시설이용 중 공원녹지 시설이용 비율로 정의
  ➔ *일별 공원녹지 이용률 = (일별 공원시설 이동)/(일별 이동성)*

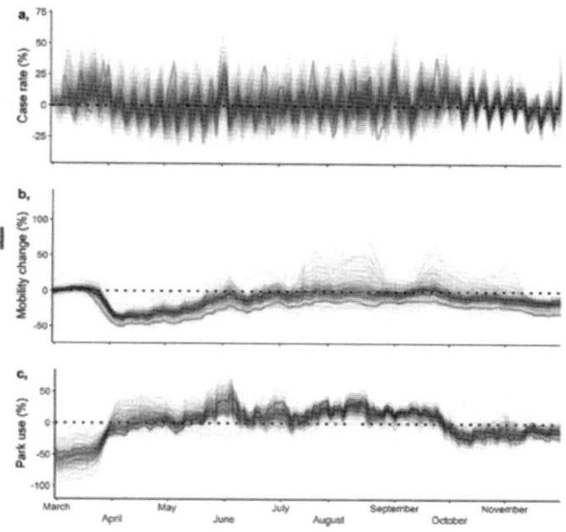

8

2 Methods

연구 모델

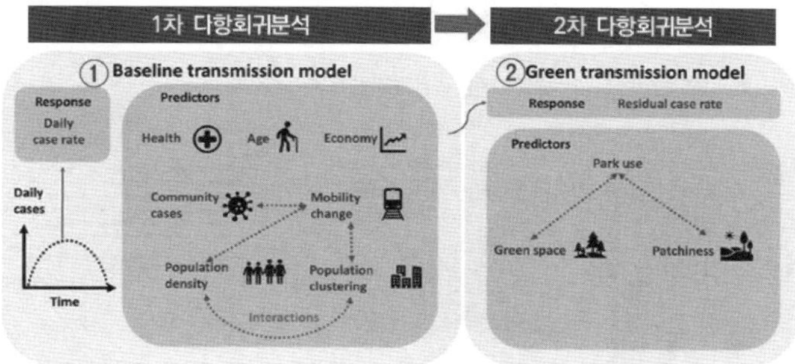

- 각 변수들과 감염률의 관계식 도출 위해 각 단계별 연구모델 설정 및 개별적 다항회귀분석 진행
  - ① 행정구역 특징(Baseline Transmission)이 감염률에 더 큰 영향을 미칠 것으로
    ② '공원녹지 이용률/구조적 특징'의 종속변수로는
    ① 에서 부터의 잔차 감염률(Residual Case Rate)로 설정
  - 조건에 따른 이동성 / 공원녹지 이용률 변화를 살펴보기 위해 다음 변수간 상호작용 또한 분석과정에 포함

지역 감염건수	이동성	이동성	인구밀도	공원녹지 이용률	공원녹지 이용률
⇕	⇕	⇕	⇕	⇕	⇕
이동성	인구 밀도	인구 클러스터	인구 클러스터	공원녹지 면적	공원녹지 분포

9

2 Methods

시나리오 분석

시나리오별 감염률 도출

- 도출된 다항회귀식에 기반하여 아래 3가지 시나리오별 감염률 변화를 분석

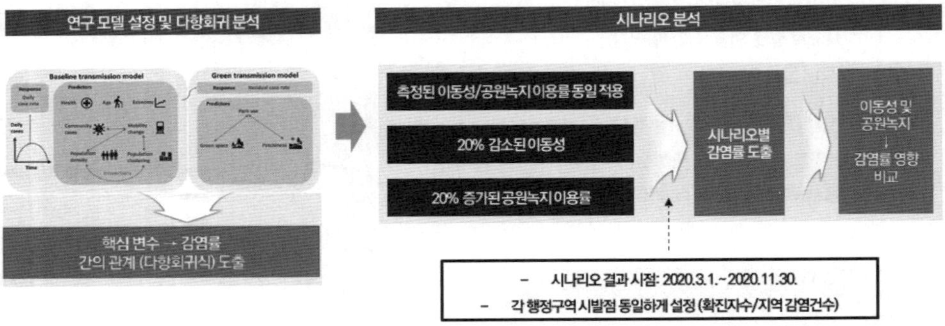

- 시나리오 분석에서 299개 각 행정구역의 확진자수 / 지역 감염건수 시발점을 동일하게 설정(각각 10)하여 분석 진행
- 시나리오별 2020.3.1.~2020.11.31. 간 감염자 수 도출하여 이동성 억제 및 공원녹지 이용 증진시 감염률에 미치는 영향을 비교

10

3 Conclusions

다항회귀 분석 결과

감염률에 유의미한 영향을 미치는 변수

- 분석결과 통계적으로 유의미한 변수(유의수준 0.05)는 다음과 같음

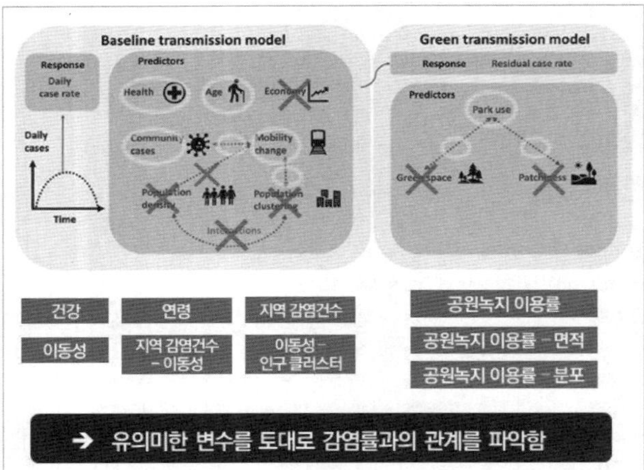

Table 2
Estimated regression parameters from the baseline and green transmission models with 95% confidence intervals. Values rounded to two significant figures, those with confidence intervals not overlapping zero (i.e. significant at the p = 0.05 threshold) are shown in bold. These coefficients were derived from models utilising the trimmed temporal extent dataset covering June 1st to November 30th 2020 – see sensitivity analysis above.

	Coefficient [95% confidence intervals]
Baseline transmission model	
Intercept	**0.38 [0.36, 0.39]**
Lag case rate	**1.55 [1.53, 1.57]**
Population density	0.020 [−0.006, 0.050]
Population clustering	0.011 [−0.006, 0.028]
Mobility	**0.17 [0.15, 0.19]**
Case average	**0.061 [0.042, 0.080]**
Baseline health	**−0.031 [−0.054, −0.007]**
Percentage over 70	**−0.051 [−0.079, −0.023]**
Percentage unemployed	0.0027 [−0.024, 0.029]
Mobility:case average	**0.11 [0.092, 0.13]**
Population density:population clustering	0.0060 [−0.011, 0.023]
Population density:mobility	−0.011 [−0.025, 0.004]
Population clustering:mobility	**0.029 [0.012, 0.047]**
Green transmission model	
Intercept	0.0001 [−0.016, 0.016]
Park use	**−0.057 [−0.074, −0.041]**
Green space	0.0035 [−0.018, 0.025]
Patchiness	0.010 [−0.011, 0.032]
Park use:green space	**0.032 [0.010, 0.053]**
Park use:patchiness	**0.024 [0.0026, 0.045]**

11

3 Conclusions

다항회귀 분석 결과

감염률과 유의미한 변수와의 관계

- 건강하거나 노년 인구가 많은 지역일수록 감염률 감소…(a,b)
  - 치사율은 노년층이 더 높으나, *노년층일 수록 타인과 접촉을 지양*하여 그 빈도가 낮기 때문일 것으로 추정…(b)

- 이동성이 낮을 수록 감염률 감소…(c,d)
  - 기존에 확진자가 많이 분포한 지역일 수록 감염률 감소에 더 효과적, 일종의 기저효과일 것으로 추측…(c)
  - 또한 인구가 밀집한 지역일 수록 감염률 감소에 더 효과적…(d)
    - 인구 밀집 수준이 낮으면 그만큼 접촉 감염 빈도 또한 적기 때문

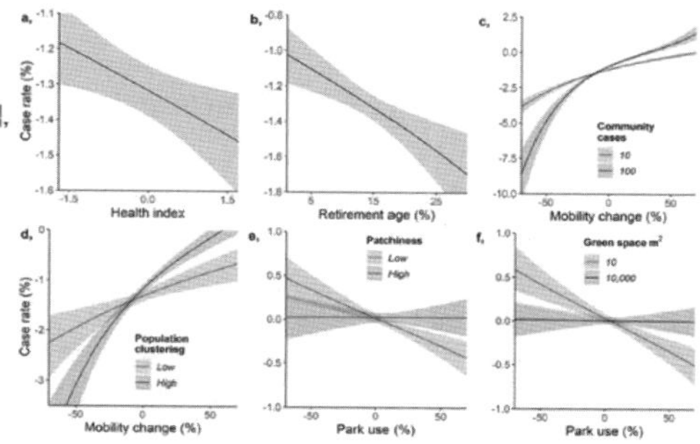

- 공원녹지 이용률이 높을 수록 잔여 감염률 감소…(e,f)
  - 공원녹지 분포가 분산형인 지역일 수록 감염률 감소에 더 효과적…(e)
  - 공원녹지 전체면적이 작은 지역일 수록 감염률 감소에 더 효과적…(e)

12

3 Conclusions

시나리오 분석 결과

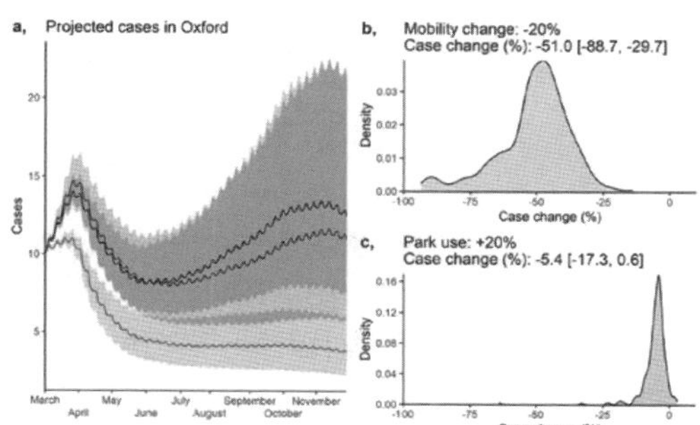

- 다음 경우들에 대한 시나리오를 토대로 감염률의 변화율 도출
  - a) 관측된 이동성 및 공원녹지 이용률 동일하게 적용
  - b) 이동성 20% 감소
  - c) 공원녹지 이용률 20% 증가

- 이동성을 억제 하는 것이 공원이용을 증진하는 수단보다 감염병 확산 방지에 훨씬 효과적
  - b) 이동률 20% 감소 시 평균 감염률 51% 감소
  - c) 공원녹지 이용률 20% 증가 시 평균 감염률 5.4% 감소

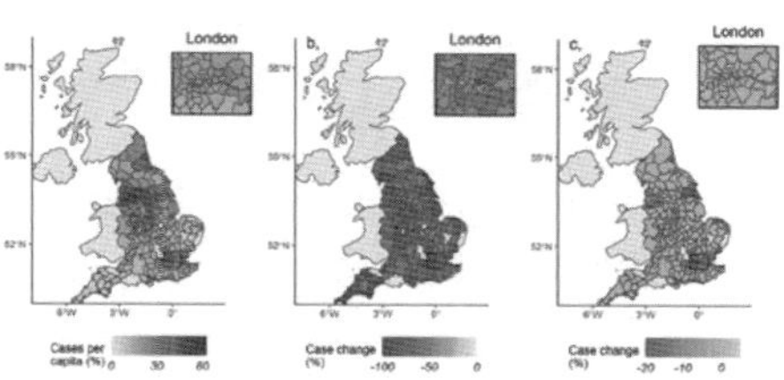

- 또한 '이동성 억제' 및 '공원녹지 이용증진'에 따른 감염률 변화 수준에 대해서는 지역별 차이가 존재
  - 특정 지역에서는 감염률 감소 효과가 타 지역에 비해 더 크게 나타남

13

4 Conclusions and limitations

■ 결론

- 본 연구를 통해 지역의공원녹지가 COVID19 감염률에 미치는 영향을 정량적으로 분석함
  - 공원녹지 보다도 감염률에 큰 영향을 미치는 특징을 고려하기 위한 Baseline Transmission Model
  - 공원녹지가 감염률에 미치는 영향을 알아보기 위한 Green Transmission Model
- 연구 모델별 다항회귀 분석을 통해 건강, 연령, 이동성, 공원녹지 이용률이 감염률 연관되는 핵심 변수임을 파악
- 시나리오 분석을 통해 이동성과 공원녹지 이용률이 변화함에 따라 감염률이 변동되는 수준을 비교
- 연구결과, 이동성을 억제하는 것이 공원녹지 이용을 증진시키는 것보다 감염률 감소에 더욱 효과적임

  ➔ 팬데믹 대응을 위해 Lock down과 같이 도시민 이동을 통제하는 수단을 우선적으로 적용해야 함
  이동활동이 불가피 할 경우에 공원이용을 증진해야 함
- 공원녹지를 방문(이용)하는 것이 타 도시시설을 이용하는 것 보다 감염병에 더 안전한 여가활동을 제공
  - 공원녹지 내 거리두기가 용이하고 접촉감염 유발 가능한 표면이 적기 때문일 것임

14

4 Conclusions and limitations

■ 한계점

- 장기간의 팬데믹 시기 중 단기간 만의 데이터를 활용해 연구 진행하였기에 고려하지 못한 변수들이 존재할 수 있음
- 불완전한 이동성 데이터를 보완하여 사용하였기에 이동성과 관련된 결과 해석을 온전히 수용하는데 유의해야함
- 대기오염, 날씨와 같은 환경적 요소를 분석에 반영하지 않음에 따라 고려하지 못한 요인 존재
  - 대기오염이 심각한 지역은 되려 공원이용으로 인해 감염위험이 증가할 수 있다는 점 고려하지 못함
  - 지역의 날씨에 따라 공원 이용률에 영향을 미치는 점 고려하지못함

■ 고찰

✓ 전체 공원녹지 면적(인당 면적)이 작을수록 감염률이 감소하는 이유 무엇인가?

- **면적이 클 수록 더 용이한 거리두기 등으로 감염위험이 줄어들고 공원녹지 이용이 더 증진되어 감염률 낮추는 효과가 있어야 하는 것이 아닌가?**

✓ 과도한 공원녹지 이용에 따른 韓, 英 공원녹지 폐쇄 사례 다수…이용률–감염률 간 변곡점도 존재할 것인가?

- **절기, 행사 등 일시적 시점에 따른 집중이용현상…연구 통제에의 어려움?**
- **국내에서도 4단계 中 공원녹지 폐쇄…감염률 높은 시기에도 공원녹지 이용은 감염률 감소에 도움이 되지 않는가?**

15

▶ Takemi Sugiyama etc. 2016. Can neighborhood green space mitigate health inequalities? A study of socio-economic status and mental health. Health & Place. 38 16 - 21

Contents

1 Background

Socio-economic status(SES) & Health inequalities

SES에 따른 건강(보건) 격차는 중요한 사회 문제로 인식됨

Socio-economic status (사회-경제적 지위)

- 개인/가구의 경제적, 사회적 지위에 대한 총체적 척도
- 수입, 교육, 직업을 중요한 변수로 간주
  (자산 또한 변수로 고려?)
- *SES 차이가 클수록 건강 관련 차이 또한 크게 나타남*

https://content.v.kakao.com/v/60497daf3d50982c6522185c

Australia

가구 소득 기준 최하 5분위는 최고 5분위보다 장기적 건강 악화에 영향 받을 가능성 높음 (Brown and Nepal, 2010)

Wales (UK)

저소득 지역 거주민이 고소득 지역 거주민보다 더 나쁜 수준의 정신 건강 상태를 가질 경향 높음 (Fone et al., 2007)

Denmark

참여자 중 저소득 집단일수록 고소득 집단보다 경미한 우울증에 걸릴 확률이 3.5배, 심각한 우울증에 걸릴 확률이 8.5배 높음 (Andersen et al., 2009)

3

1 Background

근린 지역(동네)의 녹지공간이 건강에 끼치는 영향

녹지공간이 거주자의 정신적 건강에 끼치는 긍정적 영향에 관한 연구는 다양

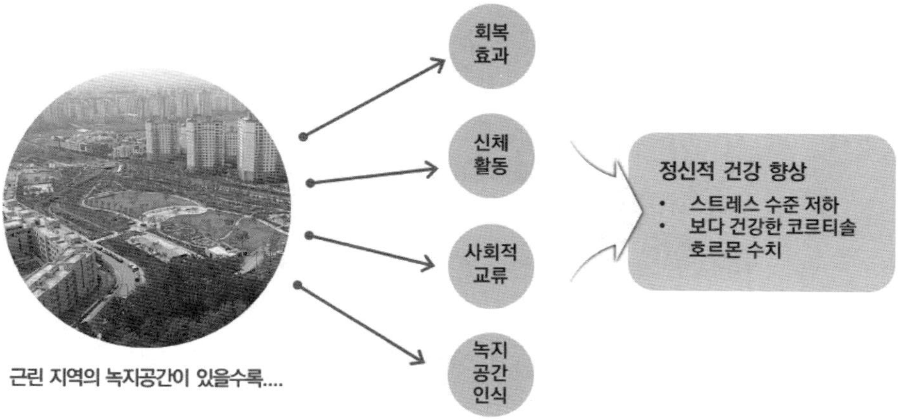

4

1 Background

녹지공간이 SES에 따른 건강 격차에 끼치는 영향?

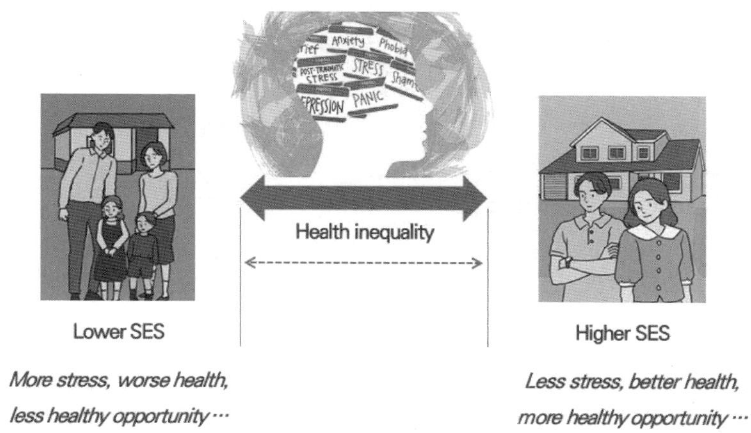

5

1 Background

■ 녹지공간이 SES에 따른 건강 격차에 끼치는 영향? ***격차를 줄일 수 있을까?***

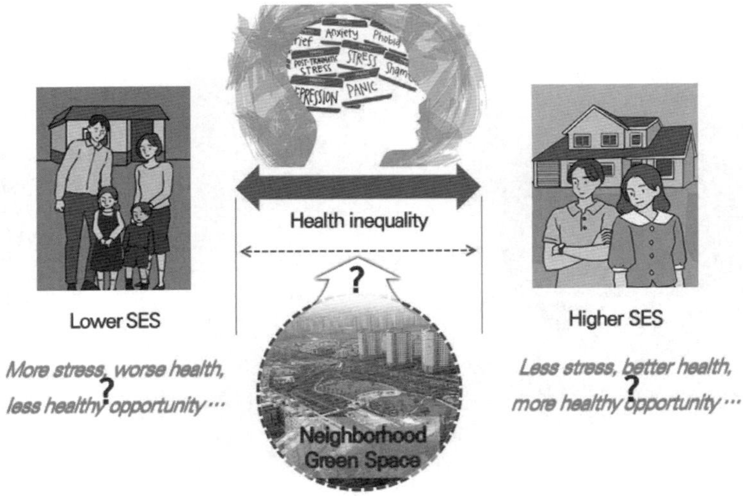

6

1 Background

■ 녹지공간이 SES에 따른 건강 격차에 끼치는 영향? ***격차를 줄일 수 있을까?***

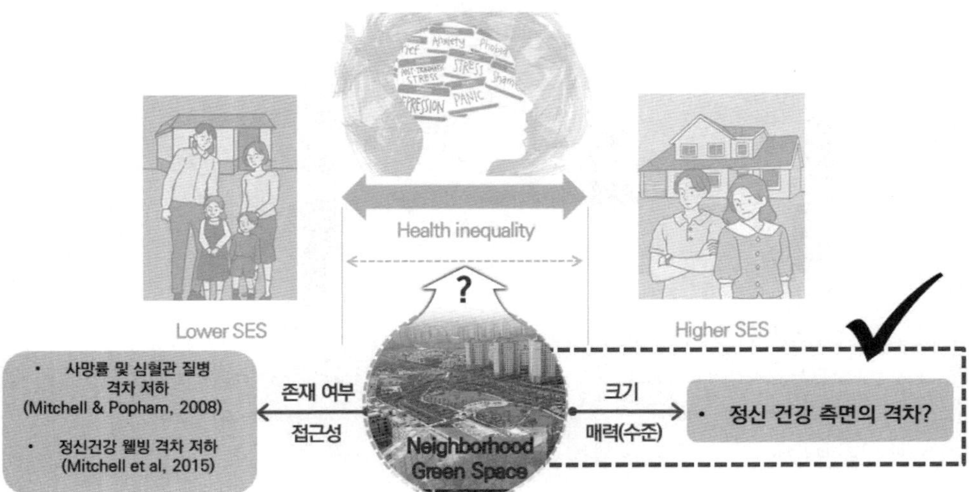

7

2 Research Question

연구 질문

지역 단위 SES(area-level SES)와
거주자의 정신/심리적 건강간 연관성에
공원(녹지공간)의 크기와 매력이 영향을 끼치는가?

Ex. 높은 수준의 SES 지역(H) 거주자와 낮은 수준의 SES 지역(L) 거주자간 정신적 건강 차이를 볼 때,
L의 공원의 크기·매력이 클수록 H 거주자와 L 거주자의 정신적 건강 차이가 감소하는가?

연구 가설

- 정신/심리적 건강과 지역 단위 SES간 관계는 (1), (2)를 만족할 때 그 차이가 덜 뚜렷할 것이다.
  (1) 넓은 공원을 지닌 지역 거주자일수록, (2) 매력적인 공원을 지닌 지역 거주자일수록

8

2 Research Question

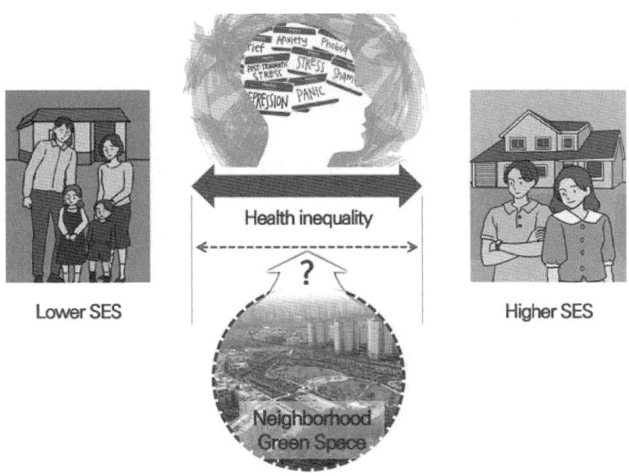

9

2 Research Question

Exposure : 지역 단위 SES (ISRD 사용)

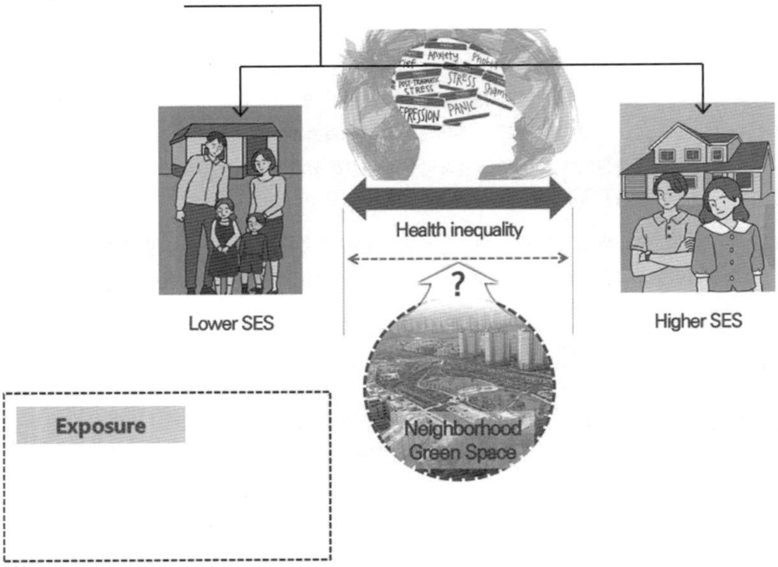

10

2 Research Question

Exposure : 지역 단위 SES (ISRD 사용)

Outcome : 정신/심리적 건강 (K10 사용)

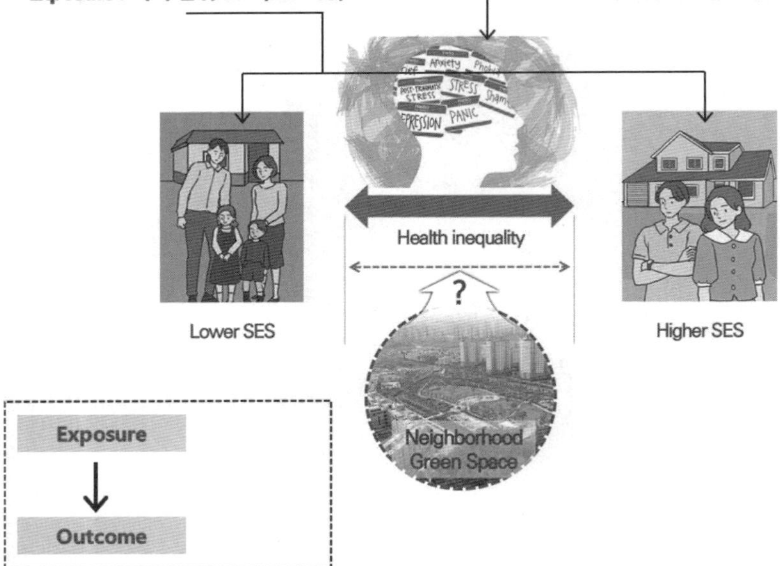

11

2 Research Question

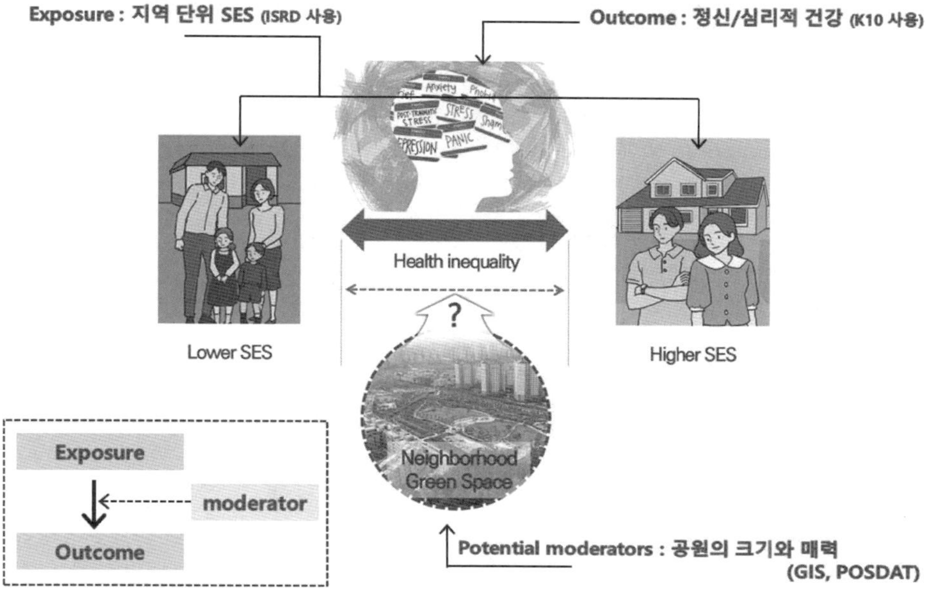

12

3 Methodology

Data source and participants

- 호주 퍼스(Perth)에서 수행된 Life Course Built Environment and Health project(LCBEH) 관련 데이터 중 일부
- 서로 다른 인생 단계(life stages)에 걸쳐 건조 환경 요소와 거주자 건강간 관계를 탐구
- Western Australian Health and Well-being Surveillance System(HWSS, 2003-2009) 설문 응답자 대상 (n=21,347 but geocoding 가능한 n=15,954만 사용)

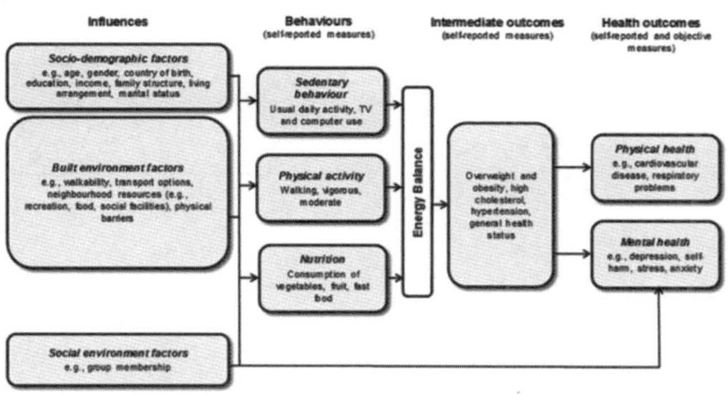

LCBEH project theoretical framework (Villanueva et al., 2013)

13

3 Methodology

Outcome : 정신/심리적 건강

- HWSS는 케슬러 정신 스트레스 척도(Kessler Psychological Distress Scale, K10) 사용
- K10 = 지난 4주 동안 경험한 불안·우울 관련 경험을 10개 문항으로 측정
- K10's score range = 10 – 50 이며, 높은 점수일수록 불안·우울 관련 증상 또한 심각함
- K10은 정신장애·우울 진단에 있어 General health questionnaire(GHQ-12)보다 명확한 결과 도출 가능

		All of the time	Most of the time	Some of the time	A little of the time	None of the time
1	In the past 4 weeks, about how often did you feel tired out for no good reason?	5	4	3	2	1
2	In the past 4 weeks, about how often did you feel nervous?	5	4	3	2	1
3	In the past 4 weeks, about how often did you feel so nervous that nothing could calm you down?	5	4	3	2	1
4	In the past 4 weeks, about how often did you feel hopeless?	5	4	3	2	1
5	In the past 4 weeks, about how often did you feel restless or fidgety?	5	4	3	2	1
6	In the past 4 weeks, about how often did you feel so restless you could not sit still?	5	4	3	2	1
7	In the past 4 weeks, about how often did you feel depressed?	5	4	3	2	1
8	In the past 4 weeks, about how often did you feel that everything was an effort?	5	4	3	2	1
9	In the past 4 weeks, about how often did you feel so sad that nothing could cheer you up?	5	4	3	2	1
10	In the past 4 weeks, about how often did you feel worthless?	5	4	3	2	1

◀ 케슬러 정신 스트레스 척도 예시

14

3 Methodology

Outcome : 정신/심리적 건강

		All of the time	Most of the time	Some of the time	A little of the time	None of the time
1	In the past 4 weeks, about how often did you feel tired out for no good reason?	5	4	3	2	1
2	In the past 4 weeks, about how often did you feel nervous?	5	4	3	2	1
3	In the past 4 weeks, about how often did you feel so nervous that nothing could calm you down?	5	4	3	2	1
4	In the past 4 weeks, about how often did you feel hopeless?	5	4	3	2	1
5	In the past 4 weeks, about how often did you feel restless or fidgety?	5	4	3	2	1
6	In the past 4 weeks, about how often did you feel so restless you could not sit still?	5	4	3	2	1
7	In the past 4 weeks, about how often did you feel depressed?	5	4	3	2	1
8	In the past 4 weeks, about how often did you feel that everything was an effort?	5	4	3	2	1
9	In the past 4 weeks, about how often did you feel so sad that nothing could cheer you up?	5	4	3	2	1
10	In the past 4 weeks, about how often did you feel worthless?	5	4	3	2	1

* Based on Australia health surveys

Category	K10 Score
Low	10-15
Moderate	16-21
High	22-29
Very high	30-50

(1) Low, (2) Moderate, (3) High(high + very high)

15

3 Methodology

Exposure : 지역 단위 SES

- 조사 지역(집계구, CCD)마다 Index of Relative Socio-economic Disadvantage(상대적 사회경제 불이익 지표, IRSD) 도출
- IRSD = 소득, 교육, 직업, 자가용 소유 등 요소를 포함하는 지역 단위 사회경제적 지표
- IRSD 점수가 낮을수록 불이익 수준이 높다고 판단
- CCD 및 CCD별 설문 응답자는 IRSD 점수에 따라 4분위로 구분
- IRSD는 회귀분석 위해 연속형 변수로 처리 (SES와 정신적 건강간 선형 관계 확인)

GIS 로 나타낸 IRSD 예시 ▶

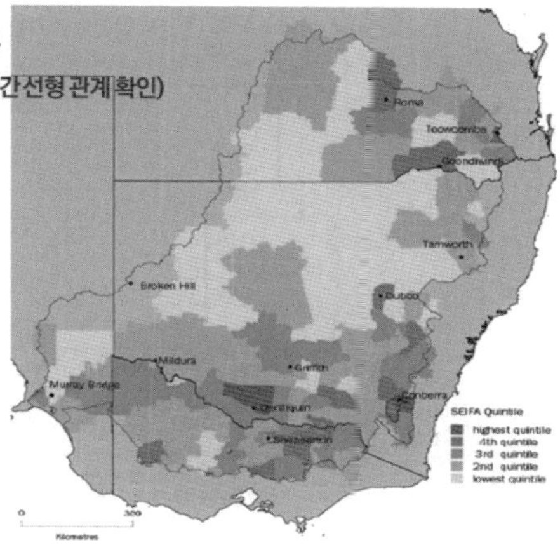

16

3 Methodology

Potential moderators : 공원의 크기와 매력

- 일반 대중 누구나 이용 가능한 공원 (공공공간, 여가 목적)
- 설문 응답자가 거주하는 주택에서 400m, 800m, 1200m, 1600m 버퍼 반경 도로망 내에 위치한 0.3ha 이상의 공원 추출
- 각 버퍼마다 해당 버퍼 내 공원 관련 variable 데이터 수집

Variable		데이터 관련
공원 크기 (ha)		• 버퍼 내 공원 영역이 교차할 때, 전체 바운더리(경계) 내 면적을 산입
공원 매력	평균 점수	• 공원 내 특성 및 쾌적성에 기초한 점수 산정 (잔디 관개, 산책로, 그늘, 스포츠 시설, 수水공간에 인접한 정도, 수水공간, 조류鳥 활동, 주변 도로, 가로등)
	가장 높은 점수	• POSDAT* 활용해 공원 내 특성 및 쾌적성 파악 • 매력 점수가 공원 크기와 밀접한 연관성 있어 (크기가 클수록 다양한 특성 보유), 총 매력 점수를 공원 크기로 나눈 평균 점수 사용 • 선행연구 반영해 가장 높은 점수 추가 도출

* POSDAT = Public Open Space Desktop Audit Tool

▲
Google earth로 식별 가능한 공원 특성 예시
해당 정보들이 POSDAT에 기록된다

17

4 Conclusions

IRSD와 정신/심리적 건강 수준

- 정신/심리적 건강 수준과 IRSD 간의 유의미한 연관성 발견
- IRSD의 표준편차가 1 감소할 때 Moderate의 odds ratio = 1.13 (95% CI, 1.06, 1.21, p<0.001), High의 odds ratio = 1.26 (95% CI, 1.16, 1.36, p<0.001) 각각 도출

  * Odds ratio > 1 = 사건 발생 확률이 증가한다는 의미

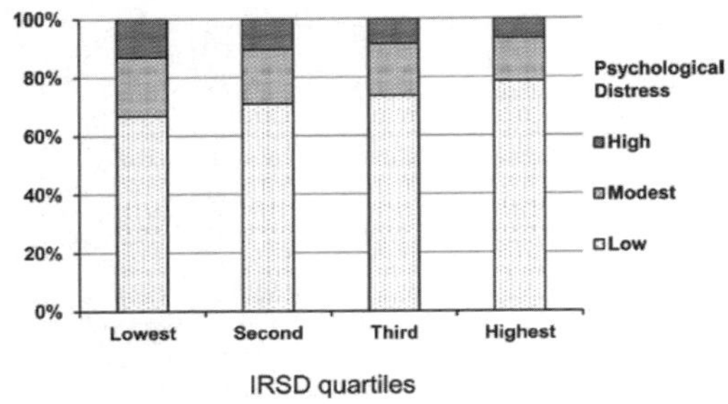

Fig. 1. Proportions (unadjusted) of low, moderate, and high levels of psychological distress according to quartiles of IRSD (Index of Relative Socio-economic Disadvantage, lower values correspond to higher levels of disadvantage).

20

4 Conclusions

공원 속성(크기, 매력)과 IRSD간 연관성

- 가장 높은 수준의 IRSD(=낮은 불이익)에 위치한 총 공원 면적이 더 넓음 (   )
- 공원의 평균 매력 점수는 가장 낮은 수준의 IRSD(=높은 불이익)에서 조금 높게 나타나는 경향성을 보임 (   )

Table 2
Mean (sd) of total park area, mean park attractiveness, and highest park attractiveness score within 400 m, 800 m, 1200 m, and 1600 m of participant's home by quartiles of IRSD.[a]

	Total	IRSD [a] (Area-level SES)				
		Lowest	Second	Third	Highest	p^b
Parks within 400 m						
Total area, ha	3.7 (9.9)	3.4 (6.7)	2.9 (5.6)	3.5 (10.1)	✓ 5.0 (14.0)	< 0.001
Mean attractiveness	14.9 (22.0)	17.9 (25.1) ✓	14.6 (22.1)	14.3 (21.0)	13.1 (19.9)	< 0.001
Highest attractiveness	26.1 (23.3)	27.8 (21.9)	24.8 (22.9)	25.0 (23.4)	26.8 (24.5)	< 0.001
Parks within 800 m						
Total area, ha	10.3 (16.7)	9.3 (12.6)	9.3 (13.3)	9.5 (16.7)	✓ 12.7 (21.7)	< 0.001
Mean attractiveness	16.4 (16.6)	18.4 (18.5) ✓	16.8 (17.2)	15.8 (15.0)	14.9 (15.8)	< 0.001
Highest attractiveness	42.9 (19.5)	44.3 (16.6)	43.0 (18.7)	41.3 (20.7)	43.0 (21.1)	< 0.001
Parks within 1200 m						
Total area, ha	19.5 (23.5)	18.1 (20.1)	18.1 (19.8)	18.5 (23.7)	✓ 22.8 (28.3)	< 0.001
Mean attractiveness	14.8 (11.7)	16.3 (12.6) ✓	14.7 (11.0)	14.7 (11.2)	13.9 (11.8)	< 0.001
Highest attractiveness	50.3 (16.2)	50.9 (12.8)	50.9 (15.2)	49.2 (17.4)	50.4 (18.2)	< 0.01
Parks within 1600 m						
Total area, ha	30.8 (30.1)	29.5 (26.3)	28.5 (24.3)	29.6 (31.9)	✓ 35.3 (35.2)	< 0.001
Mean attractiveness	14.0 (9.1)	15.0 (9.6) ✓	13.7 (7.7)	14.3 (9.7)	13.0 (9.2)	< 0.001
Highest attractiveness	54.1 (15.0)	54.6 (11.4)	54.6 (13.6)	52.7 (16.2)	54.6 (17.3)	< 0.001

[a] Index of Relative Socio-economic Disadvantage.
[b] One-way ANOVA.

21

4 Conclusions

공원 속성(크기, 매력)과 정신/심리적 건강 수준 간 연관성

- 800m 및 1200m 버퍼의 평균 매력을 제외한 어느 공원 속성도 정신/심리적 건강수준과 유의한 관련성 나타나지 않음
- IRSD와의 상호작용 : 800m 버퍼의 평균 및 가장 높은 매력 점수와 Moderate(p=0.08, p=0.06)만 유의
- 낮은 SES (IRSD) ↔ 정신/심리적 건강 수준 : Moderate와의 odds ratio ↔ 800m 버퍼 내 매력 점수가 낮은 공원 지역 거주자
- 하지만 동일한 버퍼 내에서 매력 점수가 높은 공원이 있는 지역 거주자간의 유의한 정신/심리적 건강 수준 격차 X

Table 3
Odds ratios (95%CI) for being in the moderate or high psychological distress level (compared with the low level) per one SD decline in IRSD[a]: stratified analyses.

		Psychological distress level Moderate	High
Mean park attractiveness within the 800 m buffer	Lower	1.19 (1.09, 1.30)***	1.31 (1.17, 1.47)***
	Higher	1.08 (0.98, 1.17)	1.20 (1.07, 1.34)**
Highest park attractiveness within the 800 m buffer	Lower	1.22 (1.11, 1.35)***	1.30 (1.15, 1.47)***
	Higher	1.07 (0.99, 1.16)	1.23 (1.11, 1.36)***

All odds ratios adjusted for age, gender, marital status, having children or not, and corrected for clustering.
** $p < 0.01$.
*** $p < 0.001$.
[a] Index of Relative Socio-economic Disadvantage (lower values correspond to higher levels of disadvantage).

높은 공원 매력 점수
↕
정신/심리적 건강 수준 : High(위험) …?

22

4 Discussion

- (유의한 경향성) 낮은 SES 지역의 거주자 → 높은 정신/심리적 건강 위험 수준 = YES
- (영향) 공원 속성(크기, 매력) → 정신/심리적 건강 수준 or SES = (partially?)

- 공원의 매력 측면 : 거주 지역 내 (800m 버퍼 내) 낮은 매력 점수를 기록한 공원이 있다면 해당 지역의 IRSD와 거주자의 moderate 정신/심리적 건강 수준에는 연관성이 존재한다.
- 지역 단위 SES의 관점에서, 공원의 매력은 정신/심리적 건강 수준과 큰 연관성을 나타낸다고 이야기할 수 없을지도 모른다.

Then, this research is meaningless ?

본 연구의 limitations?

23

4 Discussion

Limitations ①: 연구에 반영하지 못한 공원 특성?

- 공원의 '면적 측정'과 '특성 및 쾌적성 관련 요소의 존재 여부'만을 기준으로 점수 산정
- 정신/심리적 건강에 영향을 끼칠 수 있는 공원 속성(ex. 안전, 유지관리 등)은 고려하지 못함
- POSDAT 방법으로는 공원 내 요소 존재 여부를 판독해 반영할 뿐 → 한계로 작용했을 가능성

- 저소득 지역의 공원일수록 훨씬 많은 안전 관련 문제를 겪으면서 고소득 지역의 공원 대비 덜 안전하다고 인식됨 (Cohen et al., 2013; Kamel et al., 2014; Vaughan et al., 2013)
- 덜 안전하다고 인식되는 대형 공원은 지역 거주민의 정신 건강에 부정적 영향을 끼침 : ex. 범죄에 대한 우려 (Lorenc et al., 2012; Stafford et al., 2007)
- 덜 안전하다고 인식되는 공원일수록 지역 거주민들의 보행 행위를 방해하는 효과로 이어짐 (Cohen et al., 2012; Foster et al., 2014)

→ ***COMPLEX MATTER !***

24

4 Discussion

Limitations ②: 공원 이외의 녹지공간에 대한 고려 부족

- 사유지 정원, 가로수로 가득한 거리 등 공원 이외의 녹지공간을 충분히 고려하지 못함
- 여가 목적으로 이용되는 공원이 아닌 녹지공간 또한 거주민의 스트레스 해소, 사회적 교류 등 정신적 건강에 긍정적 영향 끼침 (de Vries et al., 2013)
- 근린 지역의 녹지공간이 어떻게 이용되는지,
  해당 이용행태가 거주민의 정신/심리적 건강에 어떤 영향을 끼치는지에 대한 고찰 필요

Limitations ③: 설문 응답자의 공원 이용 여부와 관련된 내용 X

- 연구에 사용된 데이터는 생각해보면 개별적 데이터 : 설문 응답자의 스트레스 척도 결과 &IRSD ↔ 공원 속성(크기, 매력)
- 설문 응답자가 공원을 이용하거나 방문하긴 하는지, 설문 응답자와 근린 지역 내 녹지공간 간 상호 관계가 어떠한지에 대한 고찰 필요 (ex. 자주 방문해 활동하는지, 간혹 방문하는지, 지나가다 바라보기만 하는지, 공원이 있는 것조차 몰랐다던지…)

데이터와 컴퓨터를 활용해 크게 바라보는 연구의 비중이 커져도
실제 도시공간이 어떻게 이용되는지 들여다보는 연구의 중요성은 충분히 중요하다는 의미 ?

25

| 참고문헌 |

[국내 문헌]

- 고영호, 김꽃송이, 조상규. (2016). 의료시설의 원내감염 예방 및 대응을 위한 건축적 지원방안 연구 – 외래진료부를 중심으로 –. 건축공간연구원.
- 교육부. (2016). 학생 감염병 예방 · 위기대응 매뉴얼(초 · 중 · 고, 특수학교용: 상세본).
- 교육부. (2021). 2020 교육분야 코로나 19 대응.
- 교육부. (2021). 유 · 초 · 중등 및 특수학교 코로나 19 감염예방 관리 안내.
- 국토연구원. (2013). 건강도시 조성 가이드라인.
- 국토연구원. (2014). 웰빙사회를 선도하는 건강도시 조성방안연구: 근린환경 진단 및 개선 안내서 수립을 위한 사례연구.
- 김경애, 유예림, 이성회, 한효정, 김민정, 김민희, 임은미. (2020). 코로나 19 확산 시기, 불리한 학생들의 경험에 대한 질적 연구. 한국교육개발원.
- 김경희. (2021). 코로나 19 재난에 대응하는 어린이 미래교육의 방향성. 방정환연구, 3(1), 13–33.
- 김동근. (2020). 포스트코로나 시대, 감염병 대응형 도시계획 방향. 국토이슈리포트 2020(17), 1–8.
- 김민석. (2020). 포스트 코로나 시대의 '안전한 학교'에 대한 소고. 건축, 64(11), 36–39.
- 김민희. (2015). 파슨스의 기능주의 사회이론 맥락에서 본 학교기능 재고찰. 국내석사학위논문 한국교원대학교 교육대학원.
- 김성준, 허재석. (2020). 포스트코로나–노멀시대의 건축 · 도시공간의 변화 예측과 우리나라 가로 및 보행환경 정책에의 시사점. 건축공간연구원.
- 김영란. (2020). 코로나 19로 인한 가족의 변화와 정책과제. 한국여성정책연구원. KWDI Brief, 60(1), 1–7.

• 김영현, 정소윤, 김용국. (2017). 건강도시사업에 대한 거주자 인식과 물리적 환경 개선요소에 관한 연구. 한국도시설계학회지, 18(4), 57-74.
• 김영현, 채진해, 김용국, 손용훈, 조경진. (2013). 도시 엔터테인먼트 목적지(UED)로서 도시 오픈스페이스의 선택속성 연구. 한국조경학회지, 41(4), 56-67.
• 김은정. (2010). 건강도시 조성을 위한 공간계획 방향. 국토, 2010(7), 26-34.
• 김주리, 최혜진, 강지원. (2021). 초등 방과후 돌봄서비스 이용 유형이 돌봄 공백에 미치는 영향. 보건사회연구, 41(2), 178-197.
• 노상태. (2020). 교육시설의 설비적 감염병 대응 방안과 4차산업 기술. 건축, 64(11), 48-51.
• 박미희. (2020). 코로나 19 시대의 교육격차 실태와 교육의 과제: 경기 지역을 중심으로. 교육사회학연구, 30(4), 113-145.
• 서울특벽시교육청. (2021). 2021학년도 코로나 19 학교 대응 매뉴얼.
• 서울특별시교육청. (2021). 코로나 19 관련 학교 방역 기본 대책.
• 서울특별시교육청. (2013). 학교시설 계획설계 지침 및 시설기준 개발 학술연구.
• 양미경. (2014). 학교의 주요 기능별 중요성 및 효과성에 대한 인식 조사연구. 교육원리연구, 19(2), 173-199.
• 은기수. (2020). 코로나 19 팬데믹과 자녀 돌봄의 변화. 노동리뷰, 35-49.
• 이경재. (2020). 코로나 시기의 학교를 돌아보다. 교육비평, 46(1), 132-146.
• 이수기. (2010). 건강한 커뮤니티 조성을 위한 도시계획 · 공중보건 통합 연구의 경향과 한계점 분석. 서울도시연구, 11(2), 15-33.
• 이시효. (2020). 코로나 19 이후 거주환경의 차이가 초등학생의 학습, 게임, 놀이 시간에 미치는 영향: 분석 부천시 소사구 세 학교를 중심으로. 공간과 사회, 30(4), 172-207.
• 이왕건. (2020). 코로나 19 시대 도시 사회 · 공간 변화와 정책과제. 국토정책 Brief 768, 1-8.
• 이제선. (2015). 건강도시를 둘러싼 도시 및 공중보건 분야의 역사. 한국도시설계학회 Urban Review: SPRING, 13(1), 6-7.
• 이진희, 박정호, 이경주. (2021). 감염병 대응을 위한 공간정책 과제. 국토정책 Brief, 2021(2), 1-6.
• 전관섭, 김경순. (2021). 감염병 확산을 대비한 보건소의 공간구성에 관한 연구.

대한건축학회 학술발표대회 논문집, 41(1), 152-155.
- 전은경, 이규영. (2018). 초 · 중 · 고 보건교사들의 메르스 발생 시 대응. 지역사회간호학회지, 29(1), 65-75.
- 최광석, 정다운, 권순정. (2019). 민간 권역 감염병 전문병원의 공간구성 및 동선에 관한 건축계획 연구. 의료 · 복지 건축, 25(4), 81-91.
- 최윤경. (2020) 코로나 19와 아동 돌봄의 쟁점. 한국여성정책연구원. 2020년 젠더뷰 여름호, 57: 63-69.
- 현정희. (2017). 신종감염병 유행과 감염병 위기대응체계 구축. 한국건강증진개발원. Weekly Issue, 2017(21), 1-8.

[해외 문헌]

- AIA. (2020). Reopening America: Strategies for Safer Offices.
- AIA. (2020). Reopening America: Strategies for Safer Schools.
- Aloi, A., Alonso, B., Benavente, J., Cordera, R., Echániz, E., González, F. & Sañudo, R. (2020). Effects of the COVID-19 lockdown on urban mobility: Empirical evidence from the city of Santander (Spain). Sustainability, 12(9), 3870.
- Amerio, A., Brambilla, A., Morganti, A., Aguglia, A., Bianchi, D., Santi, F. & Capolongo, S. (2020). COVID-19 lockdown: housing built environment's effects on mental health. International Journal of Environmental Research and Public Health, 17(16), 5973.
- ASHRAE. (2019). Ventilation for Acceptable Indoor Air Quality.
- Corburn, J., Vlahov, D., Mberu, B., Riley, L., Caiaffa, W. T., Rashid, S. F. & Ayad, H. (2020). Slum health: arresting COVID-19 and improving well-being in urban informal settlements. Journal of Urban Health, 97(3), 348-357.
- Cordes, J., Castro, M. C. (2020). Spatial analysis of COVID-19 clusters and contextual factors in New York City. Spatial and Spatio-Temporal Epidemiology, 34, 100355.
- Fezi, B. A. (2020). Health engaged architecture in the context of COVID-19. Journal of Green Building, 15(2), 185-212.

- Fitwel. (2020). Building Health for All in the Face of COVID-19. Center for Active Design.
- Frumkin, H., Frank, L. D. & Jackson, R. (2004). Urban Sprawl and Public Health: Designing, Planning, and Building for Healthy Communities, Washington, DC: Island Press.
- Spano, G., D'Este, M., Giannico, V., Elia, M., Cassibba, R., Lafortezza, R., & Sanesi, G. (2021). Association between indoor-outdoor green features and psychological health during the COVID-19 lockdown in Italy: A cross-sectional nationwide study. Urban Forestry & Urban Greening, 62, 127156.
- Hamidi, S., Ewing, R., & Sabouri, S. (2020). Longitudinal analyses of the relationship between development density and the COVID-19 morbidity and mortality rates: Early evidence from 1,165 metropolitan counties in the United States. Health & Place, 64, 102378.
- Hamidi, S., Sabouri, S., & Ewing, R. (2020). Does density aggravate the COVID-19 pandemic? Early findings and lessons for planners. Journal of the American Planning Association, 86(4), 495-509.
- Harvard Chan School of Public Health. (2020). Schools for health-Risk Reduction Strategies for Reopening Schools.
- He, X., Lau, E. H., Wu, P., Deng, X., Wang, J., Hao, X. & Leung, G. M. (2020). Temporal dynamics in viral shedding and transmissibility of COVID-19. Nature Medicine, 26(5), 672-675.
- Hospital for Sick Kids. (2020). Guidance for School Reopening.
- Kwon, S., Joshi, A. D., Lo, C. H., Drew, D. A., Nguyen, L. H., Guo, C. G., Ma, W., Mehta, R. S., Warner, E. T., Astley, C. M., Merino, J., Murray, B., Wolf, J., Ourselin, S., Steves, C. J., Spector, T. D., Hart, J. E., Song, M., VoPham, T., & Chan, A. T. (2020). Association of social distancing and masking with risk of COVID-19. medRxiv: Nature Communications, 12, 3737.
- Lawrence D. Frank and Peter O. Engelke. (2001). The Built Environment and Human

Activity Patterns: Exploring the Impacts of Urban Form on Public Health. Journal of Planning Literature, 16(2), 202–218.

- Lopez, R. P. (2012). The built environment and public health (Vol. 16). John Wiley & Sons.
- SOGA M. & et al. (2021). A room with a green view: the importance of nearby nature for mental health during the COVID–19 pandemic. Ecological Applications, 31(2), e02248.
- Megahed, N. A., & Ghoneim, E. M. (2020). Antivirus–built environment: Lessons learned from Covid–19 pandemic. Sustainable Cities and Society, 61, 102350.
- Morawska, L., Tang, J. W., Bahnfleth, W., Bluyssen, P. M., Boerstra, A., Buonanno, G. & Yao, M. (2020). How can airborne transmission of COVID–19 indoors be minimised?. Environment International, 142, 105832.
- OECD. (2020). Combatting COVID–19's effect on children. Tackling COVID–19: Contributing to a Global Effort. Paris, France: OECD Publishing.
- OECD. (2020). Coronavirus special edition: Back to school. Spotlights: Trends Shaping Education, 21, 1–16.
- OECD. (2020). Tackling COVID–19: Contributing to a Global Effort. Paris, France: OECD Publishing.
- Pinheiro, M. D., & Luís, N. C. (2020). COVID–19 could leverage a sustainable built environment. Sustainability, 12(14), 5863.
- Pinter–Wollman Noa, Jelić Andrea and Wells Nancy M. (2018). The impact of the built environment on health behaviours and disease transmission in social systems. Phil. Trans. R. Soc. B, 373: 20170245.
- Quraishi SA, Berra L, Nozari. (2020). A Indoor temperature and relative humidity in hospitals: workplace considerations during the novel coronavirus pandemic. Occupational and Environmental Medicine, 77(7): 508.
- Reimers, F. M., & Schleicher, A. (2020). A framework to guide an education response to the COVID–19 Pandemic of 2020. Paris, France: OECD Publishing.

- Reimers, F. M., & Schleicher, A. (2020). Schooling disrupted, schooling rethought: How the Covid-19 pandemic is changing education. Paris, France: OECD Publishing.
- School, Brooklyn Lab Charter. (2020). Back to School Facilities Tool Kit.
- Sibley, C. G., Greaves, L. M., Satherley, N., Wilson, M. S., Overall, N. C., Lee, C. H. & Barlow, F. K. (2020). Effects of the COVID-19 pandemic and nationwide lockdown on trust, attitudes toward government, and well-being. American Psychologist, 75(5), 618.
- Suji An, Jeasun Lee & Dongwook Sohn. (2014). Relationship between the Built Environment in the Community and Individual Health in Incheon, Korea. Journal of Asian Architecture and Building Engineering, 13:1, 171-178, DOI: 10.3130/jaabe.13.171.
- Thomas F. Johnson etc. (2021). Associations between COVID-19 transmission rates, park use, and landscape structure. Science of the Total Environment, 789.
- U.S. Department of Education. (2021). Strategies for Safely Reopening. Vol. 1.
- UNICEF · WHO et al. (2020). Framework for reopening schools.
- UNICEF · World Bank et al. (2020). Considerations for school-related public health measures in the context of COVID-19.
- Wasdani, K. P., & Prasad, A. (2020). The impossibility of social distancing among the urban poor: the case of an Indian slum in the times of COVID-19. Local Environment, 25(5), 414-418.
- Whitehead, M., & Dahlgren, G. (1991). What can be done about inequalities in health?. The Lancet, 338(8774), 1059-1063.
- WHO. (2020). Checklist to support schools re-opening and preparation for COVID-19 resurgences or similar public health crises.
- WHO. (2020). Mental health and psychosocial considerations during the COVID-19 outbreak.
- Zhang, T., Fu, X., Ma, S., Xiao, G., Wong, L., Kwoh, C. K., Lees, M., Lee, G. K. K., & Hung, T. (2012). Evaluating Temporal Factors in Combined Interventions of

Workforce Shift and School Closure for Mitigating the Spread of Influenza. PLOS ONE, 7(3), e32203.

[법령]

• 감염병의 예방 및 관리에 관한 법률, 법률 제17642호 (2020. 12. 15. 일부개정).

[인터넷]

• CDC. (2021.07.14). How COVID-10 Spreads. https://www.cdc.gov/coronavirus/2019-ncov/prevent-getting-sick/how-covid-spreads.html (2021.07.15. 접속)
• CDC. (2021.06.15). 시설 청소 및 소독하기. https://korean.cdc.gov/coronavirus/2019-ncov/community/disinfecting-building-facility.html (2021.07.15. 접속)
• EDUJIn. (2020.04.02). 발등의 불 ' 원격수업'...학생 · 학교 어떻게 지원하나. https://www.edujin.co.kr/news/articleView.html?idxno=32732 (2021.07.24. 접속)
• MBC뉴스. (2020.07.01). 우려가 현실로...첫 '학교 내 감염' 발생?. https://imnews.imbc.com/replay/2020/nwdesk/article/5828450_32524.html (2021.07.22. 접속)
• WHO 코로나 19 대시보드 https://covid19.who.int/ (2021.07.18. 접속)
• 강원도민일보. (2020.12.11). '코로나 19 확진자 발생' ... 외부인 출입통제. https://www.kado.net/news/articleView.html?idxno=1051573 (2021.07.18. 접속)
• 뉴시스. (2020.09.24). 코로나 19 장기화에 교육격차 커져…서울시, 학습 · 정서지원 집중추진. https://newsis.com/view/?id=NISX20200921_0001173962&cID=10801&pID=14000 (2021.07.24. 접속)
• 대한급식신문. (2020.10.13). "청소년 비만, 그냥 덮어둘 일 아니다". https://www.fsnews.co.kr/news/articleView.html?idxno=37484 (2021.07.24. 접속)
• 데일리메디. (2020.03.18). 공공병원 선별진료소 '감염 위험 ↓ · 검사속도 ↑'. http://www.dailymedi.com/detail.php?number=854086(2021.07.24. 접속)
• 세종포스트. (2021.04.05). 세종시 학교 현장 줄줄이 폐쇄... 고운초는 정상 등교. https://www.sjpost.co.kr/news/articleView.html?idxno=57483 (2021.07.24. 접속)
• 여성신문. (2020.12.18). 코로나 19 장기화로 '가족문제' 상담 70% 급증. https://www.

womennews.co.kr/news/articleView.html?idxno=205088 (2021.07.30. 접속)

- 연합뉴스. (2021.02.10). 새 학기 학교 방역은... 등교할 때 체온 재고 쉬는 시간마다 환기. https://www.yna.co.kr/view/AKR20210210137000530 (2021.07.24. 접속)
- 위키리크스한국. (2020.04.07). 코로나 19에 노출된 교무실, 이대로 괜찮을까. https://www.wikileaks-kr.org/news/articleView.html?idxno=82740 (2021.07.24. 접속)
- 중앙일보. (2020.02.17). 발열이 주요 증상인데.. "비접촉식 온도계 믿을 수 없기로 악명 높다". https://news.joins.com/article/23708328 (2021.07.24. 접속)
- 한겨레. (2020.05.20). 전국 127명 등교 뒤 진료소로...인천 고3 오늘 온라인 모의고사. https://www.hani.co.kr/arti/society/schooling/945825.html (2021.07.24. 접속)
- 한겨레. (2021.03.23). 교사 90% "학급 밀집도 못줄려...등교일 내내 '방역 사각지대'". https://www.hani.co.kr/arti/society/schooling/987863.html (2021.07.24. 접속)
- 한국교육신문. (2020.10.27). 고교생 10명 중 6명 "코로나 19로 생활습관 나빠졌다". https://www.hangyo.com/news/article.html?no=92510 (2021.08.01. 접속)